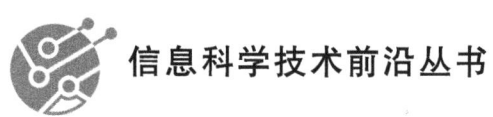 信息科学技术前沿丛书

网络威胁情报可信感知与智能分析技术

高雅丽 李小勇 著

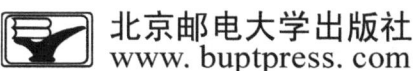
北京邮电大学出版社
www.buptpress.com

内 容 简 介

网络攻击日益复杂化、组织化和智能化，传统防御手段难以应对新型威胁。在此背景下，基于大数据分析的网络威胁情报技术正逐渐成为安全防御研究的核心方向。本书围绕威胁情报可信感知与智能分析，从情报源可信性评估、情报内容可信评估到威胁类型识别构建了完整的技术体系。第 1 章系统阐述网络威胁情报的概念、发展历程与共享体系等，第 2 章剖析威胁情报命名实体识别的技术挑战与应用，第 3 章综述威胁情报可信感知与智能分析研究现状，第 4 章提出融合多维信任因子的情报源可信性评估方法，第 5 章创新性构建基于图挖掘的情报内容可信评估模型，第 6 章设计基于异质图卷积网络的威胁类型智能识别方法，第 7 章设计并实现威胁情报可信感知系统，第 8 章总结本书内容并展望未来。本书可作为网络安全领域研究者、企业安全架构师及高等院校信息安全专业师生的参考用书，为构建可信感知威胁情报生态体系提供理论支撑与实践指导。

图书在版编目（CIP）数据

网络威胁情报可信感知与智能分析技术／高雅丽，李小勇著． -- 北京：北京邮电大学出版社，2025．
ISBN 978-7-5635-7587-9

Ⅰ．TP393.08

中国国家版本馆 CIP 数据核字第 2025P4X374 号

策划编辑：马晓仟　　责任编辑：马晓仟　廖国军　　责任校对：张会良　　封面设计：七星博纳
出版发行：北京邮电大学出版社
社　　址：北京市海淀区西土城路 10 号
邮政编码：100876
发 行 部：电话：010-62282185　传真：010-62283578
E-mail：publish@bupt.edu.cn
经　　销：各地新华书店
印　　刷：保定市中画美凯印刷有限公司
开　　本：720 mm×1 000 mm　1/16
印　　张：11
字　　数：193 千字
版　　次：2025 年 8 月第 1 版
印　　次：2025 年 8 月第 1 次印刷

ISBN 978-7-5635-7587-9　　　　　　　　　　　　　　定　价：78.00 元

· 如有印装质量问题，请与北京邮电大学出版社发行部联系 ·

前　　言

面对日益复杂化、组织化、智能化的网络攻击,世界各地越来越多的组织和个人开始利用并共享网络威胁情报,以全面了解快速演变的网络威胁形势,防范网络攻击。随着威胁情报技术的快速推进,威胁情报来源广、种类多、数量大、更新快等特性给威胁情报的多源获取和可信感知带来了一系列新的挑战与难题:威胁情报源可信性评估中存在信任因子考虑不足,信任因子权重分配主观性的问题;威胁情报内容本身可信评估机制缺失的问题;威胁情报中基础设施节点的威胁类型标记效率低和准确率低的问题。

笔者围绕大数据环境中威胁情报的可信感知问题,分别从如何设计准确的威胁情报源可信性评估方法,如何度量和分析威胁情报内容本身的可信性,如何设计有效的基于异质图卷积网络的威胁类型智能识别方法等三个方面展开研究,并提出了一系列的新方法和新模型。本书主要研究内容和创新点如下:

① 针对威胁情报源可信性评估中信任因子考虑不足的问题,本书提出了一种多维度威胁情报源可信性评估方法。该方法首先从身份信任因子、行为信任因子、关系信任因子和反馈信任因子四个方面对情报源的可信度进行了多维度的评估,然后通过有序加权平均和加权移动平均组合算法为四个信任因子动态分配权重。本书提出的多维度威胁情报源可信性评估方法解决了现有方法信任因子考虑不足,信任因子权重分配主观性等问题。基于真实数据集的实验结果表明,本书所提出的威胁情报源可信性评估方法具有较高的准确性和自适应性。

② 针对威胁情报内容本身可信评估机制缺失的问题,本书提出了一种基于图挖掘的威胁情报内容可信评估模型。该模型通过信任感知的威胁情报架构模型、基于图挖掘的情报特征提取方法,以及自动的可解释的信任评估算法,为威胁情报共享平台情报可信度评估提供了解决方案。基于真实数据集的实验结果显示,该信任评估机制可以达到92.83%的精确率和93.84%的召回率,均优于当前国际主流方法。本书所提出的威胁情报内容可信评估模型有利于安全分析师进行策略决定,构建信任感知的威胁情报平台,提高威胁情报的可用性,从而更有效地保护各

组织抵御网络攻击。

③ 针对威胁情报中基础设施节点的威胁类型标记效率低和准确率低的问题，本书提出了一种实用的网络威胁情报建模方法及基于异质图卷积网络基础设施节点威胁类型智能识别算法。考虑到网络威胁情报中涉及多种类型基础设施节点和节点关系，本书首先建立了威胁情报异质信息网络模型，设计了威胁情报元模式来描述基础设施节点之间的语义关联；其次定义了一种基于元路径和元图实例的威胁基础设施相似度度量方法；最后提出了一种基于元路径和元图实例的异质图卷积网络算法来识别威胁情报中涉及的基础设施节点的威胁类型，并通过分层正则化策略缓解了过拟合现象。实验结果验证了所提方法在节点威胁类型识别中的有效性。

综上，笔者从情报源的可信性评估、威胁情报内容本身的可信感知和基于异质图卷积网络的威胁类型智能识别等三个方面提出了一系列的方法和模型，并通过理论分析和大量的实验验证了它们的有效性，为大数据环境下实现威胁情报可信感知提供了重要的理论和技术支撑。

本书由国家自然科学基金项目（编号：62102040）资助。本书基于第一作者的北京邮电大学博士学位论文，补充了第1章网络威胁情报概述及增加了第2章威胁情报命名实体识别技术。本书的第4~6章基于笔者和相关合作者发表的国际学术论文，在此向论文相关合作者表示由衷的感谢。

鉴于笔者学识所限，文中难免存在不足之处，恳请各位读者不吝赐教，笔者谨致谢忱。

目 录

第1章 网络威胁情报概述 ·· 1

  1.1 网络威胁情报概述 ··· 1

    1.1.1 网络威胁情报的概念 ·· 1

    1.1.2 网络威胁情报的起源与发展 ·· 2

    1.1.3 网络威胁情报的生命周期 ·· 4

    1.1.4 网络威胁情报的特征 ·· 5

    1.1.5 网络威胁情报的分类 ·· 6

    1.1.6 网络威胁情报能力成熟度模型 ·· 11

  1.2 网络威胁情报的协同共享 ·· 16

    1.2.1 信息语义模型 ··· 16

    1.2.2 网络威胁情报共享的常用规范 ·· 17

  1.3 网络威胁情报的可信感知 ·· 22

  1.4 网络威胁情报研究面临的挑战 ··· 24

  1.5 本书的组织结构 ·· 26

  参考文献 ·· 26

第2章 威胁情报命名实体识别技术 ·· 30

  2.1 引言 ··· 30

  2.2 威胁情报的实体关系抽取技术 ··· 31

    2.2.1 命名实体识别技术 ·· 31

    2.2.2 实体关系抽取相关技术 ··· 36

  2.3 威胁情报命名实体识别面临的挑战 ·· 37

2.3.1　数据稀缺问题 …………………………………………… 38
　　2.3.2　数据异构问题 …………………………………………… 40
　　2.3.3　多语言支持问题 ………………………………………… 41
　　2.3.4　高度关联性问题 ………………………………………… 42
　　2.3.5　私有化数据问题 ………………………………………… 44
　2.4　威胁情报命名实体识别的应用 ………………………………… 45
　　2.4.1　在威胁情报分析中的应用 ……………………………… 45
　　2.4.2　在恶意代码分析中的应用 ……………………………… 46
　　2.4.3　在威胁情报共享中的应用 ……………………………… 47
　2.5　本章小结 ………………………………………………………… 48
　参考文献 ……………………………………………………………… 48

第3章　威胁情报可信感知与智能分析研究现状 ……………………… 52
　3.1　威胁情报源的可信性评估 ……………………………………… 52
　3.2　情报内容本身的可信感知 ……………………………………… 55
　　3.2.1　威胁情报共享与融合 …………………………………… 55
　　3.2.2　威胁情报内容的可信感知 ……………………………… 56
　3.3　威胁情报的智能分析 …………………………………………… 58
　　3.3.1　威胁情报建模 …………………………………………… 58
　　3.3.2　基于图的威胁类型识别 ………………………………… 59
　　3.3.3　基于网络表示学习的威胁类型识别 …………………… 60
　参考文献 ……………………………………………………………… 61

第4章　多维度威胁情报源可信性评估方法 …………………………… 71
　4.1　引言 ……………………………………………………………… 71
　4.2　系统模型与问题描述 …………………………………………… 72
　4.3　一种多维度的情报源可信性评估方法 ………………………… 76
　　4.3.1　基于身份的信任因子 …………………………………… 76
　　4.3.2　基于行为的信任因子 …………………………………… 78
　　4.3.3　基于关系的信任因子 …………………………………… 78

| 4.3.4　基于反馈的信任因子 ……………………………………… 80
| 4.3.5　自适应的信任融合 ………………………………………… 81
| 4.4　实验结果与分析 …………………………………………………… 84
| 4.4.1　实验设置 …………………………………………………… 84
| 4.4.2　准确性评估 ………………………………………………… 85
| 4.4.3　自适应性评估 ……………………………………………… 88
| 4.5　本章小结 …………………………………………………………… 92
| 参考文献 …………………………………………………………………… 92

第5章　基于图挖掘的情报内容本身可信感知 …………………………… 97

  5.1　引言 ………………………………………………………………… 97
  5.2　系统模型与问题描述 ……………………………………………… 98
  5.3　基于图挖掘的情报内容可信评估 ………………………………… 100
      5.3.1　威胁情报采集与聚合 ……………………………………… 100
      5.3.2　威胁情报图的构建 ………………………………………… 100
      5.3.3　基于图挖掘的情报推理 …………………………………… 102
      5.3.4　多维度的信任特征提取 …………………………………… 104
      5.3.5　自动的可解释的信任评估算法 …………………………… 107
  5.4　实验结果与分析 …………………………………………………… 108
      5.4.1　实验设置 …………………………………………………… 108
      5.4.2　信任评估的有效性 ………………………………………… 110
  5.5　本章小结 …………………………………………………………… 111
  参考文献 …………………………………………………………………… 112

第6章　基于异质图卷积网络的威胁类型智能识别 …………………… 115

  6.1　引言 ………………………………………………………………… 115
  6.2　系统模型与问题描述 ……………………………………………… 116
      6.2.1　相关概念 …………………………………………………… 116
      6.2.2　基于异质信息网络的威胁情报建模 ……………………… 119
      6.2.3　HinCTI的系统架构 ………………………………………… 120

6.3 基于异质图卷积网络的基础设施节点威胁类型智能识别 ·············· 122
   6.3.1 特征提取 ·· 123
   6.3.2 元路径和元图设计 ·· 125
   6.3.3 基于异质图卷积网络的威胁类型智能识别方法 ················ 126
   6.3.4 分层正则化 ·· 129
   6.3.5 复杂度分析 ·· 130
6.4 实验结果与分析 ·· 131
   6.4.1 实验设置 ·· 131
   6.4.2 不同元路径和元图的性能评估 ································ 133
   6.4.3 HinCTI 的性能评估 ·· 134
   6.4.4 HinCTI 与传统分类算法的比较 ································ 135
   6.4.5 HinCTI 在其他类型节点上的性能 ······························ 136
6.5 本章小结 ·· 137
参考文献 ·· 137

第7章 威胁情报可信感知系统的设计与实现 ·············· 143

7.1 系统分析 ·· 143
   7.1.1 系统背景分析 ·· 143
   7.1.2 系统可行性分析 ·· 145
   7.1.3 系统需求分析 ·· 146
7.2 系统总体设计 ·· 147
   7.2.1 系统的总体设计原则 ·· 147
   7.2.2 系统功能设计 ·· 147
   7.2.3 系统的架构设计 ·· 148
7.3 主要功能模块的设计与实现 ·· 150
   7.3.1 关键技术 ·· 150
   7.3.2 情报采集模块 ·· 151
   7.3.3 情报内容可信评估模块 ·· 152
7.4 系统测试与结果分析 ·· 153
   7.4.1 测试环境 ·· 153

7.4.2 系统功能测试 …………………………………………… 153

7.4.3 系统性能测试 …………………………………………… 155

7.5 本章小结 ………………………………………………………… 156

第8章 总结与展望 ……………………………………………………… 157

8.1 总结 ……………………………………………………………… 157

8.2 展望 ……………………………………………………………… 158

图 目 录

图 1-1　网络威胁情报的生命周期 …………………………………………… 4
图 1-2　威胁情报疼痛金字塔模型 …………………………………………… 7
图 1-3　内部威胁情报和外部威胁情报的互补关系示意图 ………………… 9
图 1-4　ThreatConnect 成熟度模型 ………………………………………… 11
图 1-5　Eclecticl 成熟度模型 ………………………………………………… 12
图 1-6　Eclecticl 成熟度八项能力 …………………………………………… 14
图 1-7　LogRhythm 成熟度标准曲线 ………………………………………… 15
图 1-8　天际友盟的威胁情报成熟度模型 …………………………………… 15
图 1-9　各章节之间的组织结构图 …………………………………………… 26
图 2-1　命名实体识别技术发展路线 ………………………………………… 31
图 2-2　线性条件随机场模型 ………………………………………………… 33
图 2-3　连续词袋模型中心词及背景词关系 ………………………………… 34
图 2-4　循环神经网络结构 …………………………………………………… 35
图 2-5　基于深度学习的实体关系抽取方法发展历程 ……………………… 36
图 4-1　Info-Trust 的系统架构图 …………………………………………… 74
图 4-2　威胁情报源的多维度信任因子融合示意图 ………………………… 75
图 4-3　可信情报源和不可信情报源的局部集聚系数的差异解释示意图 … 79
图 4-4　可信情报源和不可信情报源的中介中心度的差异解释示意图 …… 80
图 4-5　平均绝对误差随场景参数 λ 的变化 ………………………………… 86
图 4-6　在相对稳定的社区中,不同话题下各个信任模型的平均绝对误差 … 87
图 4-7　在恶意社区中,不同话题下各个信任模型的平均绝对误差 ……… 88
图 4-8　在空闲且稳定的环境下可信情报占比的对比图 …………………… 89
图 4-9　在繁忙且稳定的环境下可信情报占比的对比图 …………………… 90

图 4-10	在空闲且高度动态的环境下可信情报占比的对比图	91
图 4-11	在繁忙且高度动态的环境下可信情报占比的对比图	91
图 4-12	不同场景参数下，可信情报源在 $t=50$ 时突变恶意的 OTD 变化曲线图	92
图 5-1	情报内容可信感知的威胁情报架构模型	99
图 5-2	威胁情报图	101
图 5-3	情报的关联分析	104
图 5-4	四种算法在两种信任机制下的性能对比图	111
图 5-5	ROC 曲线	111
图 6-1	威胁情报相互关联的示意图	118
图 6-2	网络威胁情报异质信息网络模型	118
图 6-3	HinCTI 的系统架构图	121
图 6-4	元路径和元图	125
图 6-5	威胁类型标签的层次结构示例图	129
图 6-6	不同的威胁类型识别方法的性能结果对比图	135
图 6-7	HinCTI 与传统识别算法的性能比较	136
图 6-8	HinCTI 在其他类型节点上的识别性能	137
图 7-1	ThreatBook 平台的 IP 情报查询界面	144
图 7-2	IBM X-Force Exchange 平台的 IP 情报查询界面	145
图 7-3	系统功能模块图	148
图 7-4	基于 MVC 分层设计模式的架构流程图	149
图 7-5	威胁情报可信感知系统架构图	150
图 7-6	威胁情报采集基本流程图	152
图 7-7	情报内容可信评估的处理流程图	152
图 7-8	威胁情报可信感知系统主界面	154
图 7-9	威胁情报可信感知系统用户登录界面	154
图 7-10	威胁情报内容可信评估结果图	155
图 7-11	威胁情报基础设施节点的威胁类型智能识别结果	155

表 目 录

表 1-1	威胁情报源的多样性	10
表 1-2	国内外主流厂商采用的威胁情报技术规范	18
表 1-3	STIX 不同版本的对比	19
表 2-1	通用领域中的实体名称构造规则	32
表 2-2	威胁情报信息抽取与普通文本信息抽取任务的异同点	38
表 3-1	现有的信源信任模型的对比	53
表 4-1	本章用到的符号及其含义描述	75
表 4-2	总体信任度和信任级别之间的映射关系	83
表 4-3	仿真参数设置	85
表 4-4	各个信任模型使用的信任因子及其权重实例	87
表 5-1	多维度的信任特征	105
表 5-2	威胁情报的效用分数实例	106
表 5-3	威胁情报数据集的统计数据	109
表 5-4	二分类问题的混淆矩阵	109
表 6-1	本章用到的符号及其含义描述	123
表 6-2	关系矩阵的描述	124
表 6-3	实验数据集	131
表 6-4	性能评估中涉及的指标	133
表 6-5	不同元路径和元图的性能结果	133
表 7-1	主要情报源站点	151
表 7-2	系统性能测试结果	156

主要缩略词及中英文对照

缩略词	英文全称	中文名称
API	Application Program Interface	应用程序接口
C&C Server	Command and Control Server	命令和控制服务器
CERT	Computer Emergency Response Team	计算机应急响应小组
CTI	Cyber Threat Intelligence	网络威胁情报
CVE	Common Vulnerabilities and Exposures	通用漏洞披露
CybOX	Cyber Observable eXperssion	网络可观察对象描述
DNS	Domain Name System	域名系统
GCN	Graph Convolutional Network	图卷积网络
HIN	Heterogeneous Information Network	异质信息网络
IDS	Intrusion Detection System	入侵检测系统
IoC	Indicators of Compromise	攻击指示器
IODEF	Incident Object Description and Exchange Format	事件对象描述和交换格式
OTD	Overall Trust Degree	总体信任度
OWA	Ordered Weighted Averaging	有序加权平均
SIEM	Security Information and Event Management	安全信息与事件管理
SOC	Security Operations Center	安全运营中心
STIX	Structured Threat Information eXpression	结构化威胁信息表述
TAXII	Trusted Automated eXchange of Indicator Information	指示器可信自动交换
WMA	Weighted Moving Average	加权移动平均

威胁行为、漏洞、恶意软件等方面的情报,可以帮助组织更好地理解、提前识别和应对潜在的网络威胁,加强其网络安全防御体系。网络威胁情报的分类主要包括以下六个方面:

① 技术情报(technical intelligence):包括关于威胁者使用的攻击工具、恶意代码、攻击技术和漏洞等方面的信息。如恶意软件样本、攻击工具的签名、恶意 IP 地址、攻击者的攻击模式等。

② 战术情报(tactical intelligence):提供与安全事件相关的详细信息,有助于组织快速做出反应。包括攻击者的目标、受感染系统的身份、已知威胁行为的详细信息等。

③ 战略情报(strategic intelligence):提供有关整体威胁形势和威胁生态系统的信息,可以帮助组织进行长期的风险规划。包括攻击者的意图、恶意活动的长期趋势、威胁生态系统的分析等。

④ 人员情报(human intelligence):提供关于威胁行为背后的个体或组织的信息,如攻击者的身份、组织结构和激励等。包括攻击者的身份、其所在的组织、其可能的动机等。

⑤ 操作情报(operational intelligence):关注威胁者的具体操作行为,如攻击链、威胁者的目标和策略等信息。包括攻击者的行动时间、攻击的阶段、使用的攻击向量等。

⑥ 开源情报(Open Source Intelligence,OSINT):利用公开可用的信息源,如互联网上的新闻、社交媒体、公开数据库等,获得关于威胁的信息。包括从社交媒体中获取有关攻击者行为的信息、互联网上的公开报告等。

网络威胁情报有助于组织更全面、深入地了解威胁,从而采取更有针对性和有效的安全措施。通过及时获取并分析这些情报,组织可以提前预防潜在的网络威胁,提高安全防护水平。

1.1.2 网络威胁情报的起源与发展

网络威胁情报的核心目标是提高网络防御能力,使安全团队能够基于数据驱动的方式做出决策,而不仅仅依赖被动防御。网络威胁情报的概念并非凭空产生,而是随着计算机安全和互联网的发展逐步演进的。其起源和发展可以追溯到以下

四个关键阶段:

(1) 早期的计算机安全(20世纪60年代—80年代)

早期的计算机系统主要由政府和军事机构使用,安全关注点主要是防止物理入侵和信息泄露。例如,美国国防部在1967年首次正式讨论计算机安全问题,在1983年推出《橙皮书》(*The Orange Book*),并将其作为信息安全的指导标准[8]。1986年,第一个计算机病毒Brain在MS-DOS计算机上被发现[9],标志着恶意软件威胁出现。这促使安全研究人员开始研究病毒传播模式和防御策略。

(2) 互联网时代的网络攻击与防御(20世纪90年代—21世纪最初十年初)

随着互联网的普及,黑客开始利用网络漏洞进行攻击,如1998年的Solar Sunrise攻击事件,攻击者利用系统漏洞入侵了美国军事网络。20世纪90年代,Snort等入侵检测系统(IDS)的发展使得组织可以通过分析网络流量,检测异常行为。这一阶段的安全防护主要依赖基于签名的检测,即通过已知的攻击模式识别威胁。

1988年,"莫里斯蠕虫"病毒暴发后,美国卡耐基梅隆大学成立了全球第一个计算机应急响应小组(Computer Emergency Response Team,CERT),开始系统性收集和分析网络攻击数据,这可视为早期的威胁情报收集工作。

(3) 威胁情报的初步形成(21世纪最初十年末—第二个十年初)

2005年前后,政府机构和大型企业开始面临高度复杂的攻击,这些攻击具有长期潜伏、精心策划的特点,被称为高级持续性威胁(APT)。2009年的"震网"(Stuxnet)蠕虫[10]就是一个典型的APT攻击案例。

20世纪第二个十年初,网络安全公司和政府机构开始意识到独自应对网络威胁的局限性,于是推动了威胁情报的共享。例如:2013年,美国第13636号行政令鼓励政府和私营企业共享网络威胁情报;MITRE ATT&CK框架[11]用于描述攻击者的行为模式,为安全分析师提供了一种标准化的威胁情报模型。

(4) 大数据与人工智能赋能的情报分析(21世纪第二个十年末—至今)

随着大数据和人工智能的发展,威胁情报系统开始采用机器学习算法来检测异常模式。例如,基于行为分析的检测已不再依赖已知的攻击签名,而是通过分析用户和系统行为的异常模式来检测未知威胁。深度学习在威胁情报中也有广泛应用,如自动化恶意软件分类、异常流量检测和威胁预测。

近年来,威胁情报平台(Threat Intelligence Platform,TIP)得到广泛应用,其

整合多个来源的威胁数据,并提供自动化分析能力,例如,IBM X-Force Exchange、FireEye Threat Intelligence、Recorded Future、VirusTotal 等。

现代网络威胁情报不仅包括技术数据,还包括开源情报(OSINT)和暗网情报。OSINT 主要利用公开数据(如社交媒体、博客、新闻等)获取情报;暗网情报主要分析黑客论坛、地下市场,监控数据泄露情况。

1.1.3 网络威胁情报的生命周期

Gartner 认为情报是过程的产物,而不是独立数据点的集合,并对网络威胁情报生命周期进行了刻画,如图 1-1 所示。网络威胁情报典型生命周期包括以下六个步骤:需求定向、情报收集、情报处理、情报分析、情报传输、反馈。①在需求定向阶段,主要是明确目标并完善需求。②在情报收集阶段,从多个不同的来源收集开源和闭源的结构化和非结构化威胁情报。③在情报处理阶段,根据需要翻译威胁情报内容,对多个来源的情报数据进行核对并进行可靠性评估。④在情报分析阶段,判断情报信息语义和意义,评估情报信息的重要性,推荐相应措施。⑤在情报传输阶段,通过将情报内容标准化为结构化威胁情报进行情报共享和分发。⑥在反馈阶段,将威胁情报部署在网络入侵检测系统(Network Intrusion Detection System,NIDS)和基于主机的入侵检测系统(Host-based Intrusion Detection System,HIDS)等网络空间安全基础设施上,然后收集这些基础设施上的日志流量数据用于创建新的威胁情报,以循环往复的形式反馈到威胁情报的生命周期中。

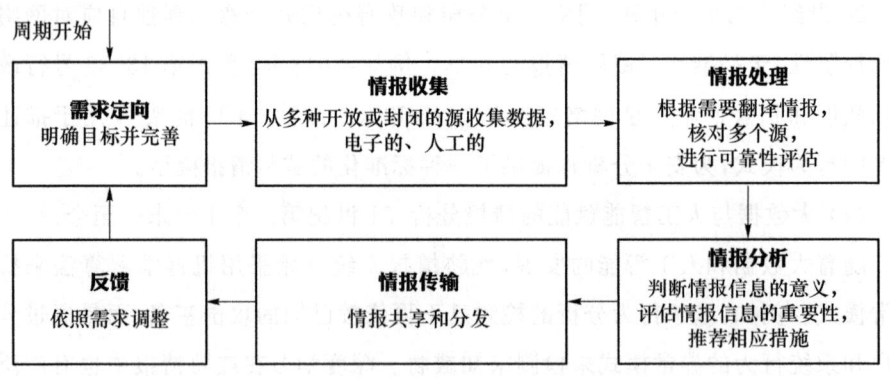

图 1-1 网络威胁情报的生命周期

1.1.4 网络威胁情报的特征

网络威胁情报具有以下四个关键特征:
(1) 以攻击者为核心

网络威胁情报围绕特定的攻击组织,如网络犯罪分子、网络间谍以及黑客活动。掌握和收集攻击组织网络威胁情报的国家政府、企业或个人可以通过优化防御策略来抵御攻击组织实施的攻击。

(2) 以风险资产为中心

网络威胁情报基于对国家政府、企业或个人需要进行保护的信息资产进行评估审计。这些信息资产包括数据、文件、知识产权(如用户数据库和工程绘图),以及计算资源(如网页、应用程序、源代码和网络服务)。

(3) 以过程为导向

网络威胁情报运行过程遵循该基本流程:首先研究情报需求,其次收集网络空间中的威胁信息,再次分析、识别和提取网络威胁情报并进行分发、共享和传输,最后应用网络威胁情报进行安全防御。

(4) 多源情报融合

网络威胁情报可以在网络空间中共享和传输。面对不同的需求,单一情报源的数据过于单薄且无法满足不同群体的不同需求。因此,多源异构数据源的威胁情报数据的融合也是情报的重要特性之一。

同时,网络威胁情报包括为了还原网络空间已发生的攻击和预测未发生的攻击所需要的一切可决策线索,也具有以下六个重要的信息特性:

(1) 情报来源广泛

网络威胁情报来源包括公开的网络安全站点、威胁情报服务提供商、开源的威胁情报平台、部署的安全防御系统、社交网络、黑客论坛以及暗网等。

(2) 情报数据量大

在开放的网络空间中,每天都有海量的信息和情报生成及更新。

(3) 情报种类繁多

网络威胁情报具有多种不同的种类,包括 IP、域名、文件 Hash、网络流量、网络日志、事件类型的情报。

(4) 情报时效性强

网络流量和日志这类数据具有很强的实时性,当情报超过一定时限就会失去价值,但如果及时更新则会恢复其应用价值。

(5) 情报数据分散

除了安全厂商分析整理后的开源的结构化威胁情报,很多来自安全站点、社交网络、黑客论坛和暗网的网络威胁情报分散在威胁信息的上下文中。

(6) 情报共享性强

网络威胁情报来源广泛,制定共享和传输规则可以方便国家政府、企业、组织、厂商等实现网络威胁情报共通,政企协同合作。

1.1.5 网络威胁情报的分类

网络威胁情报的分类方式多种多样,根据分类依据的不同,网络威胁情报的分类结果也不尽相同。威胁情报疼痛金字塔模型(Pyramid of pain model)[12]刻画了威胁情报获取难度和使用价值,如图1-2所示。威胁情报疼痛金字塔模型的左侧是可用于检测威胁攻击的威胁情报相关的指标类型,右侧是利用这些指标时能引起攻击者的攻击代价大小和痛苦指数。从金字塔的底端到顶端,网络威胁情报数据类型依次是Hash值、IP地址、域名、网络/主机特征(network/host artifacts)、攻击工具(attack tools)特征以及TTPs(Tactics,Techniques & Procedures,战术、技术和行为模式)。获取这些数据类型情报的难度依次递增,情报的价值也逐层升高,同时对攻击者造成的干扰强度也是逐层递增的。从图1-2中可以看出,网络威胁情报中价值最低但最容易获取的是Hash值、IP地址和域名,其次是网络/主机特征、攻击工具特征,对攻击者影响最大但最难以获取的是TTPs类型的威胁情报。举例来说,网络攻击者对恶意软件的一个较小改动就能导致恶意软件Hash发生较大改动。网络攻击者可以利用动态DNS和Fast-flux技术来改变域名及其解析的IP地址,从而避免恶意域名和IP地址被加入黑名单。

(1) Hash值

一般是指文件或者样本的Hash地址,如MD5和SHA256等格式规则。对于威胁攻击行为的样本或文件,由于Hash函数的雪崩效应,文中或样本中任何数据内容被改变,甚至是在文件或样本的末尾修改一个符号或添加一个字符,都会产生新的 Hash 值。因此，在很多情况下检测 Hash 值的变化可能没有实际意义，防御效果也是最基础的。

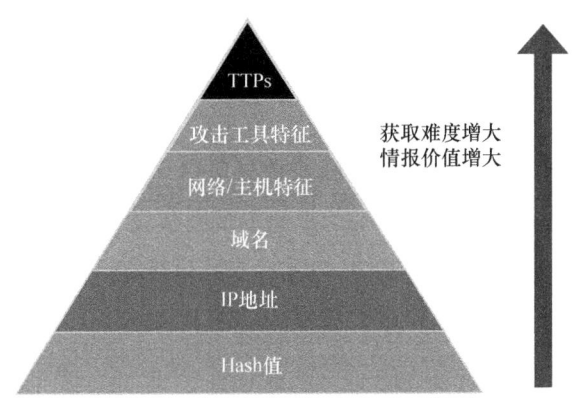

图 1-2　威胁情报疼痛金字塔模型

（2）IP 地址

通过限制访问恶意 IP 地址可以有效防御很多常见的攻击手段。但是因为 IP 地址数量巨大，攻击者在攻击过程中很有可能更改 IP 地址来绕过访问限制。

（3）域名

部分攻击者在实施特定攻击手法的时候，通常通过域名访问外部服务器进行通信。但使用域名时需要实名注册、购买并绑定服务器，这使得攻击成本要比 IP 地址和 Hash 值的攻击成本高很多，并且域名更改起来也较为困难，因此对域名的限制效果是比较好的。但是 APT 攻击或者有组织的规模性攻击通常预先准备大量备用域名，此时对域名的限制作用就被削弱了。

（4）网络/主机特征

该特征包含很多内容，如攻击者使用的浏览器登录信息、访问频率、主机特征等。这些特征是对攻击者的画像描述，有了这些情报数据就可以很好地将恶意攻击流量从正常流量中分离出来，因此具有较好的防御效果。

（5）攻击工具特征

该特征是指检测到或者获取了攻击者使用的攻击工具，这种基于工具的防御手段能够使一批使用该工具实施的攻击方式失效，强迫攻击者对攻击工具进行重写或额外进行保护工具不被杀死的工作或临时更换工具，无论选择哪一种方式都增加了攻击者的攻击成本。

(6) TTPs

若掌握了攻击者的 TTPs 策略信息,那么就能掌握攻击者利用的漏洞详情,从而设置更具针对性的防御,迫使攻击者不得不寻求新的漏洞。因此,这是获取难度最高的威胁情报,同时也是价值最高的威胁情报,对攻击者来说也是最具有杀伤力的威胁情报。

根据网络威胁情报的内容,网络威胁情报可以分为流量类情报、样本类情报、信誉类情报、事件类情报。①流量类情报一般指网络流量和日志等信息,如网关获取的流量、WAF 拦截的日志;②样本类情报一般指病毒、木马等样本及其特征,如文件 Hash、特征字符串等;③信誉类情报一般指 IP 地址、URLs、域名等信息,如黑白名单、信誉类数据库中的数据;④事件类情报一般指安全事件相关的详细描述,包括攻击者所属组织分析、攻击者的战术能力、攻击者掌控的资源情况和攻击可能产生的危害等,属于高级威胁情报,如 WannaCry 安全事件分析报告、安全事件溯源报告等。

根据网络威胁情报的使用对象,网络威胁情报可以分为机读威胁情报(Machine-Readable Threat Intelligence,MRTI)和人读情报。①机读威胁情报能够极大地促进跨组织、跨设备、跨厂家的快速协同联防,内容以攻击指示器(Indicators of Compromise,IoC)[13]为主。具体来说,常见的 IoC 包括网络指示器(包括 IP 地址、URLs、域名等)、基于主机的指示器(恶意软件名字、恶意文件 Hash/签名、动态链接库、注册码等)、邮件指示器(源邮件地址、邮件信息对象、附件和链接、源/转发 IP 地址等)。网络威胁情报与传统的安全通告和预警之间最大区别,就是网络威胁情报能够提供可机读的威胁情报文件,这些可机读威胁情报文件可以迅速被支持机读格式的安全平台(包括 SOC、SIEM 等)和安全设备(包括防火墙、IDS、防病毒系统等)所使用,并能够监控相关网络行为、主机、文件等,有效地发现并阻断正在执行的攻击,实现快速响应和全网联动。②人读情报一般指政府/组织/公司/团体/个人发布的对攻击事件进行详细分析描述的文档格式文件、溯源报告等。

根据网络威胁情报的指标应用,网络威胁情报可以分为检测指标、归属指标、指向指标和预测指标。①检测指标指发生在主机或者网络上的攻击事件,检测指标命中表明发生了相应的安全事件。市面上很多安全产品是基于检测指标进行威胁检测的。②归属指标代表着攻击组织的相关特征及其攻击方式,用以辅助攻击者行为画像,为攻击溯源提供依据。但由于归属指标涉及很多攻击战术、技术和行为策略,往往很难获取。③指向指标用于攻击预测,即预测可能遭受攻击的目标,特别是一些国家重工企业、高校的一些基础设施。指向指标对于应急预警具有非常重要的意义。④预测指标通过攻击者的行为模式进行事件预测。

　　网络威胁情报是从多种渠道获取的用于保护系统核心资产的安全线索的总和,它涵盖了在特定场景下与某种相关的上下文、指标、攻击概况、影响和应对策略。随着大数据和"互联网＋"的兴起,网络威胁情报的获取来源得到广泛延伸。根据网络威胁情报产生的内外分布来看,网络威胁情报可以分为内部威胁情报和外部威胁情报。内部威胁情报和外部威胁情报相互补充,其互补关系如图 1-3 所示。内部威胁情报一般包括以下三个方面:你知道的情报(What you know),你是怎样被攻击的(How you have been attacked),你正在保护什么资产(What you are protecting)。相应地,外部威胁情报一般包括以下三个方面:你不知道的情报(What you don't know),你将会被怎样攻击(How will you be attacked),你应当保护什么资产(What should you protect)。随着威胁类型的增加,网络威胁情报类型也更加丰富,包括僵尸网络地址情报、恶意 URL 地址情报、0-day 漏洞情报等。

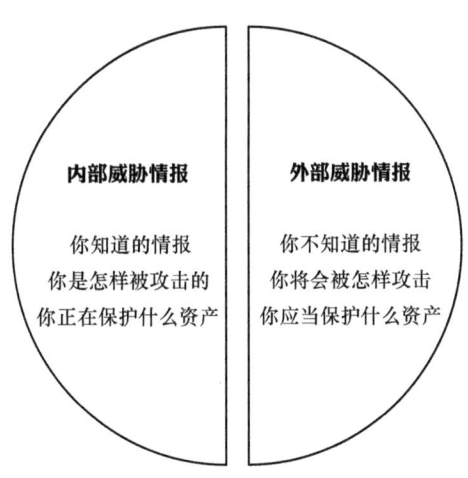

图 1-3　内部威胁情报和外部威胁情报的互补关系示意图

　　具体来说,如表 1-1 所示,内部威胁情报源主要指机构自身通过基础安全检测系统、综合安全分析系统等传统安全设备获得威胁信息,以及机构内部安全管理人员通过对异常流量信息、资产信息等进行分析获得网络威胁情报。其中,基础安全检测系统一般包括防火墙、防病毒系统、入侵检测系统、漏洞检测系统、终端安全管理系统等;综合安全分析系统一般包括安全信息与事件管理(SIEM)系统、安全运营中心(SOC)、安全管理平台等。真正的网络威胁情报所需要的数据量是大多数组织无法通过机构自身获得的,所以安全人员还需要从机构外部获取网络威胁情报。外部威胁情报源主要包括情报共享平台情报源、互联网开放情报源、合作交换情报源和商业购买情报源。其中:情报共享平台情报源指用户能够在平台上分享情报并获得相应的权益;互联网开放情报源主要包括来自互联网的安全事件情报、安全分析报告、安全态势预警等数据,情报使用者可以通过网络爬虫或者情报订阅等方式进行自动化采集;合作交换情报源指的是与之建立合作关系的机构,在互利互惠的基础上保障合作共享;商业购买情报源是指以付费应用程序接口(Application Program Interface,API)的方式从专业的网络威胁情报供应商那获得情报数据。

表 1-1　威胁情报源的多样性

威胁情报源的类型	情报源的实例	获取方式	情报格式举例
内部威胁情报源	系统日志	IDS,IPS,Web 服务,沙箱	JSON,XML
	网络流量	交换机、路由器、蜜罐	JSON,XML
	安全事件	安全专家	JSON,STIX,DOC
外部威胁情报源	情报共享平台情报源	API,爬虫	JSON,XML
	互联网开放情报源	免费 API,爬虫	JSON,XML,STIX,DOC
	合作交换情报源	建立合作	JSON,XML,DOC
	商业购买情报源	付费 API,安全专家	JSON,XML,STIX,DOC

电气电子工程师学会(IEEE)从 2003 年开始举办情报和安全信息学(IEEE Intelligence and Security Informatics,IEEE ISI)国际会议,以促进学者和专家交流情报和信息安全相关领域的研究成果。近年来,国际学术界陆续在网络威胁情报国际研讨会(International Workshop on Cyber Threat Intelligence,WCTI)、网络威胁情报管理国际研讨会(International Workshop on Cyber Threat Intelligence Management,CyberTIM)等会议上发表了一些重要研究成果。美国南佛罗里达大学、英国伯明翰城市大学[14]等纷纷启动了威胁情报相关的科学研究。我国学者也非常重视威胁情报领域的研究,中国科学院信息工程研究所[15]、上海交通大学[16][17]、北京邮电大学[18]等对该领域进行了探索和研究。

1.1.6 网络威胁情报能力成熟度模型

1. ThreatConnect 成熟度模型

网络安全威胁的复杂化与攻击手段的快速迭代,使得组织需要系统化的框架来评估和提升其威胁情报能力。如图 1-4 所示,ThreatConnect 成熟度模型作为威胁情报领域的核心评估工具,通过五个层级的演进路径,帮助组织从基础数据收集阶段逐步过渡到智能化、自动化的战略防御体系[19]。该模型不仅定义了技术能力的升级路线,还强调了组织流程、团队协作与风险管理能力的同步发展。最新实践表明,成熟度等级为 4 的企业可将威胁检测效率提升 300%,同时降低 35% 的应急响应成本。

ThreatConnect 成熟度模型采用阶梯式评估体系,将组织能力划分为成熟度等级 0 至成熟度等级 4 这五个等级。每个等级的评估涵盖四大核心维度:数据治理成熟度、分析自动化程度、团队协作机制以及战略决策整合度。这种多维评估方式突破了传统单一技术指标的限制。例如,在成熟度等级为 2 的阶段,组织在保持 70% 自动化告警处理的同时,需要建立跨部门的威胁情报共享机制。

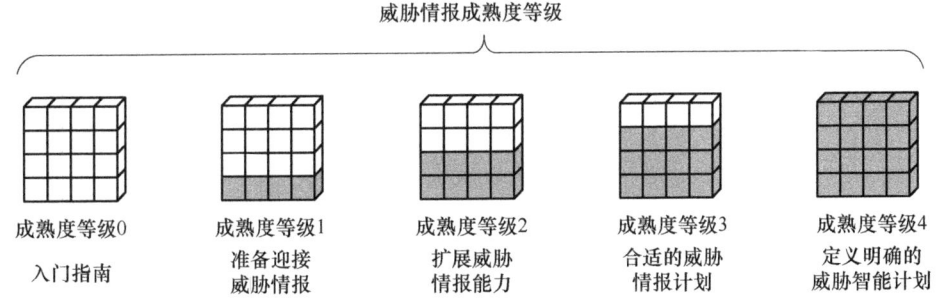

图 1-4　ThreatConnect 成熟度模型[19]

该模型特别强调动态演进特性,允许组织在不同业务单元实施差异化的成熟度目标。这种设计充分考虑了大型企业的复杂组织结构。例如,某跨国企业在亚太地区实施成熟度等级为 3 的标准时,其欧洲分支可能仍处于成熟度等级为 1 的过渡阶段。关键演进指标包括威胁数据标准化率、平均响应时间(Mean-Time-to-Respond,MTTR)缩短幅度,以及战略决策中威胁情报的引用频次等量化参数。以下是具体划分:

0级:不清楚如何开展威胁情报工作。

1级:已开展威胁情报工作,处于此成熟度等级的组织开始理解威胁情报,并与SIEM相关联。

2级:扩展威胁情报能力,主动识别可用于行动的威胁情报,这些情报可以提供攻击者信息、攻击原因,以及绘制上下文和连接,并进一步细化威胁知识。

3级:开始建立基于威胁情报的网络安全运营能力,以及结构化团队,能够使用战略分析方法。

4级:组织拥有良好定义的威胁情报程序,包括正式定义的流程和自动化工作流,能够生成可操作的情报并确保适当的响应。该等级的组织通常拥有SOC,且运营模式将从被动响应计划转变为由情报驱动的主动防御。

2. Eclecticl 成熟度模型

在EclecticIQ的CTI能力成熟度模型(C2M2)中,如图1-5和图1-6所示,CTI成熟度被划分为五个等级和八项能力,每个等级代表了组织在CTI方面的不同能力水平[20]。以下是对每个等级的详细叙述:

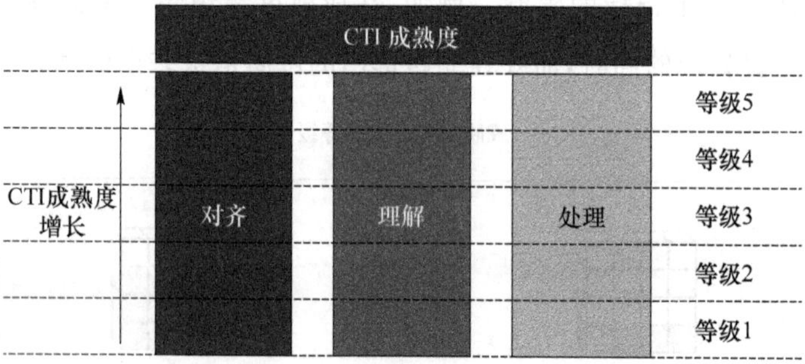

图1-5 Eclecticl 成熟度模型[20]

(1) CTI成熟度等级1:基础

① 这是最低的成熟度等级,组织的CTI能力非常有限。

② 组织可能没有明确的威胁情报策略或流程。

③ 主要依赖于手动和反应性的方法来处理威胁信息。

④ 使用基本的工具和方法,如电子表格、电子邮件等。

⑤ 没有系统化的威胁情报收集、分析和分发流程。

(2) CTI成熟度等级2:初步

① 组织开始建立基本的威胁情报流程。

② 可能有一些自动化工具用于数据收集和分析。

③ 开始关注威胁情报对业务的影响。

④ 有一定的威胁情报团队,但主要任务仍然是响应性操作。

⑤ 开始使用一些开源工具和威胁情报源。

(3) CTI 成熟度等级 3:基本

① 组织建立了更系统的威胁情报流程。

② 使用商业威胁情报平台来支持日常操作。

③ 能够提供基本的威胁情报给运营团队(如 SOC、漏洞管理)。

④ 有明确的威胁情报需求(PIRs),并开始进行一些预测性分析。

⑤ 数据收集、处理和分析能力有所提升,但仍以响应性为主。

(4) CTI 成熟度等级 4:高级

① 组织的威胁情报能力显著提升。

② 能够提供更高级别的威胁情报给战术和战略利益相关者。

③ 有完善的威胁情报流程,包括数据收集、分析、生产和分发。

④ 使用高级的分析工具和可视化功能来支持威胁情报工作。

⑤ 能够进行更深入的威胁狩猎和未知威胁检测。

⑥ 威胁情报成为业务和战略决策的一部分。

(5) CTI 成熟度等级 5:卓越

① 组织在威胁情报方面达到最高成熟度。

② 能够进行预判性威胁管理,提前识别和应对潜在威胁。

③ 威胁情报与业务目标和战略高度一致。

④ 使用先进的威胁情报平台和工具,能够进行复杂的数据分析和建模。

⑤ 具备强大的数据集成和共享能力,支持跨部门和跨组织的协作。

⑥ 威胁情报成为组织文化和战略的核心部分。

3. Recorded Future 成熟度模型

Recorded Future 认为威胁情报成熟度应当围绕目标、资源和能力三个关键因素展开。针对以上三个因素,RecordedFuture 发布的威胁情报成熟度调查表中表现出如下特色[21]:

① 目标:关键决策者是否参与威胁情报治理并及时获得反馈。企业对威胁情报的态度,从积极到被动分为五个阶梯。

② 资源:关注内部威胁情报和外部威胁情报的区分。关注从运营情报、战术情报到战略情报的应用。

③ 能力:威胁情报的使用范围,包括管理范围和安全工具对接,是否能够持续地保持威胁情报的管理和使用。

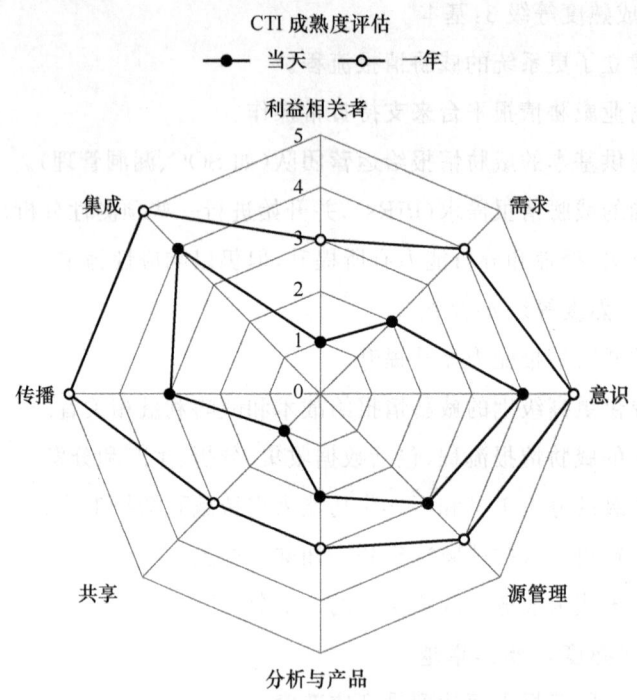

图 1-6　Eclecticl 成熟度八项能力[20]

4. LogRhythrn 成熟度模型

如图 1-7 所示,LogRhythm 发布的安全情报成熟度模型(Security Intelligence Maturity Model,SIMM)的核心思想在于以下两个关键标准:

① 平均检测时间(Mean-Time-to-Detect,MTTD):发现威胁所用的平均时间,包括进一步分析和响应的时间。

② 平均响应时间(MMTR):分析威胁消除风险的平均时间。

LogRhythm 成熟度模型分为五级(0~4):

0 级:MTTD 以月计,MTTR 以周或以月计。

1 级:MTTD 以周或以月计,MTTR 以周计。

2 级:MTTD 和 MTTR 两者都以小时或以天计。

3级:MTTD 和 MTTR 两者都以小时计。

4级:MTTD 和 MTTR 两者都以分钟计。

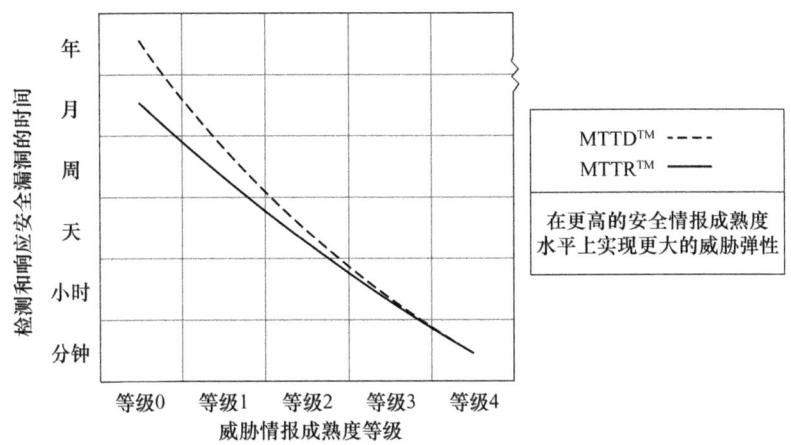

图 1-7　LogRhythm 成熟度标准曲线[21]

5．天际友盟成熟度模型

天际友盟的威胁情报成熟度模型关注企业的威胁情报技术应用,根据企业对威胁情报的应用能力,分为四个领域和五个成熟级别,如图 1-8 所示。四个领域分别为战略与文化、组织与人员、技术与工具、制度与流程,五个级别则是根据企业对威胁情报的应用能力分为消费级、融合级、聚合级、优化级和自适应级。

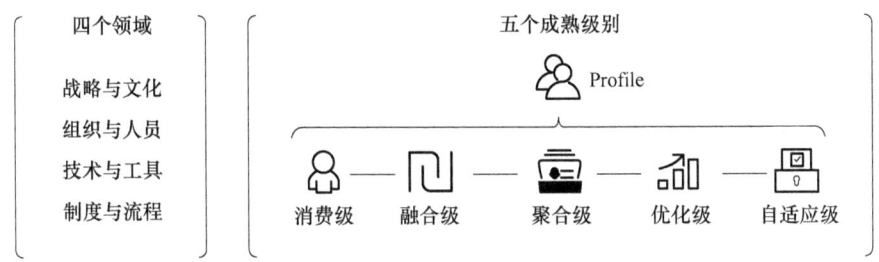

图 1-8　天际友盟的威胁情报成熟度模型[21]

天际友盟的威胁情报成熟度模型认为,在企业实践中选择适合自己的级别目标尤为重要。企业通过"量体裁衣",可以在预期的费效比上构建自己的威胁情报能力。成熟级别如下:

① 消费级:处于消费级的企业购买商业威胁情报,将商业威胁情报应用于现有网络安全设备或系统。

② 融合级：能够将外部威胁情报与内部威胁情报相结合，实现"知己知彼"。

③ 聚合级：引入多源商业情报并进行聚合，具有情报质量分析和管理能力。

④ 优化级：能够对优质的多源情报进行聚合，同时具备对 OSINT 的收集、分析和应用能力。

⑤ 自适应级：威胁情报应用能力可以达到自动化闭环，与安全设备互动，形成无须人工干涉的情报生产、情报消费的闭环，情报生产到消费的时间周期大大缩短。

6. CTI-CMM 成熟度模型

CTI-CMM 使用类似于 C2M2 的成熟度级别结构[22]。在每个级别中，模型都会根据其成熟度级别特征列出相应的实践，这使 CTI 计划能够通过以可重复和一致的方式执行特定实践的能力来评估其成熟度。

CTI 0：此级别不进行任何练习。

CTI 1：执行了基本实践，但大多数是未记录的、临时的、计划外的和响应驱动的。新实践侧重于反应性信息，这些信息提供短期结果，支持一部分组织利益相关者。

CTI 2：高级实践的执行级别，高于 CTI 1。实践大多是记录的、规划的和标准化的，具有可重复和一致的结果，使用大规模自动化。新实践侧重于主动和预测性情报，提供短期和中期结果，影响更多的组织利益相关者。

CTI 3：领先实践的执行级别，高于 CTI 2。实践包括关注提供长期战略结果的规范性方法和建议。实践是可衡量的，并与业务成果保持一致。新实践是标准化的、跨职能的，并专注于推动战略决策和行动的持续改进。

1.2 网络威胁情报的协同共享

1.2.1 信息语义模型

信息语义模型是一种用于描述信息和数据之间语义关系的模型，用来帮助不同系统或组织之间进行数据交换和共享，并确保数据的一致性和准确性。信息安全领域的信息语义模型主要用于描述威胁情报数据、漏洞信息、日志数据、网络拓扑等在不同系统或组织之间的共享和交换。信息语义模型可以通过标准化、统一化、抽象化等方式,将数据中的每个元素都表示为具有明确含义的符号,从而使不同系统或组织可以根据这些符号进行数据交换和共享。通常,信息语义模型会将数据中的实体、属性和关系抽象为基本概念和语义结构,从而构建不同层次的数据元素之间的语义关系。

信息语义模型通常和标准化的数据格式和交换协议一起使用。STIX 和 TAXII 是面向威胁情报领域的基于信息语义模型的标准,它们定义了一组与威胁情报相关的基本概念和语义结构,用于描述威胁情报间的关系和属性,并提供了一套 XML 格式的数据交换协议。

信息语义模型的主要作用有以下四个方面:

① 支持跨系统和组织的数据交换和共享:通过信息语义模型,不同系统或组织可以采用统一的语义和标准进行数据交换和共享,提高数据的可读性、可操作性和一致性,减少数据传输和转换的误差和成本,实现更加高效的数据共享。

② 支持安全事件的监测和响应:信息语义模型可以对威胁情报信息等安全数据进行结构化和标准化处理,从而更好地监测和分析安全事件,实现更加准确的威胁情报分析,提高安全事件的识别和响应能力。

③ 支持安全数据的分析和挖掘:通过信息语义模型,可以将不同源的安全数据整合到一起,形成更加全面和准确的数据库。使用数据挖掘技术来分析这些数据,可以发现潜在的安全风险和威胁,帮助组织及时采取措施防范和应对安全事件。

④ 支持对数据进行分类和索引:信息语义模型可以对数据进行分类和索引,以便更好地管理和查找数据,提高数据的利用价值。此外,通过对数据进行分类和索引可以快速定位到所需要的数据,从而便于与其他数据进行关联和分析。

1.2.2 网络威胁情报共享的常用规范

如表 1-2 所示,国内外主流厂商采用的威胁情报技术规范包括 STIX、TAXII、CybOX、OpenIOC、CVSS 等,下面将对其进行介绍。

(1) STIX[23]

STIX(Structured Threat Information eXpression,结构化威胁信息表达式)是

由 MITRE 联合 DHS(美国国土安全部)发布的用来交换威胁情报的一种语言和序列化格式。STIX 是一种用于描述威胁情报和攻击行为的基于图的威胁情报模型,其提供了表示威胁情报的规范化抽象层,能够与其他安全工具产品交互。STIX 可以描述攻击者的威胁行为,受害者的弱点,以及攻击过程中使用的工具、方法和网络资源。

STIX 有两个版本,STIX 1.0 基于 XML 定义,STIX 2.0 基于 JSON 定义。STIX 1.0 定义了 8 种对象,STIX 2.0 定义了 12 种域对象(将 STIX 1.0 中的 TTP 与 Exploit Target 拆分为 Attack Pattern、Malware、Tool、Vulnerability,删去了 STIX 1.0 中的 Incident,新增了 Report、Identity、Intrusion Set)和 2 种关系对象(Relationship 和 Sighting)。

表 1-3 给出了 STIX 不同版本的对比,从中可以看出,从 STIX 1.0 到 STIX 2.0,再到 STIX 2.1,STIX 描述的内容越来越丰富,对威胁信息的结构化、系统化的表达和描述从无到有,从实用到智能。STIX 2.1 在安全自动化、智能化的支持能力方面得到显著增强。

表 1-2 国内外主流厂商采用的威胁情报技术规范

安全厂商	威胁情报技术规范
Symantec	MisPatrol、CAPEC、STIX、CybOX、CWE
Kaspersky Lab	STIX、CybOX、OpenIOC、TAXII
McAfee	STIX、CybOX、OpenIOC、TIE、CVSS、CVE
Trend Micro	STIX、CybOX、OpenIOC、CAPEC、CVRF、MAEC
FireEye	OpenIOC、CPE、CVSS、CVE、Syslog、Splunk
IBM X-Force	STIX、CybOX、OpenIOC、TAXII、ISAP、CVE、CPE、CWE
VirusTotal	STIX、CybOX、OpenIOC、CME、MITRE ATT&CK、CVE、CPE
Threatcrowd	STIX、TAXII、OpenIOC、MISP
FortiGuard	STIX、TAXII、OpenIOC、CVE
360 安全卫士	STIX、CybOX、OpenIOC、AMIS
腾讯安全	STIX、CybOX、OpenIOC、TSCP
绿盟科技	STIX、CybOX、OpenIOC、CTSIP
深信服安全	STIX、CybOX、OpenIOC、TIF、CVKB
奇安信网神	STIX、CybOX、OpenIOC、TIE
瑞星安全	STIX、CybOX、OpenIOC、TIP、ISAC

表 1-3 STIX 不同版本的对比

	STIX 1.0	STIX 2.0	STIX 2.1
内容	8 种对象：Campaign（攻击动机）、Threat Actor（威胁源）、Indicator（威胁特征指标）、Observable（网络观测）、TTP（攻击技术手法）、Exploit Target（攻击目标）、Incident（安全事件描述）、Course of Action（攻击应对措施）	12 类域对象：Campaign（攻击活动）、Threat Actor（威胁主体）、Observed Data（可观测数据）、Course of Action（应对措施）、Indicator（威胁特征指标）、Attack Pattern（攻击模式）、Malware（恶意软件）、Tool（工具）、Vulnerability（脆弱性）、Report（报告）、Identity（身份）、Intrusion Set（入侵集合）。 2 类关系对象：Relationship（关系）、Sighting（瞄准）	增加 6 类域对象：Grouping（分组）、Infrastructure（基础设施）、Location（位置）、Malware-Analysis（恶意软件分析）、Note（注释）、Opinion（意见）
数据格式	XML	JSON	JSON
意义	首版，解决有无	整体调整，增强实用性	进一步优化，提升智能化能力

（2）TAXII[24]

TAXII（Trusted Automated eXchange of Intelligence Information，可信威胁情报交换）是一种用于传输安全威胁情报的协议，通过一组 API 定义了发布情报、订阅情报、访问情报和查询情报的方法，允许组织之间交换共享威胁情报，以帮助提高网络安全。通过 TAXII 协议，组织可以将自己的安全威胁情报发布到一个安全数据库中，并允许其他组织订阅、访问和查询这些威胁情报。TAXII 协议还提供了威胁指标、威胁情报、威胁级别、威胁类型和相关情报等参数和元素来描述威胁情报。通过使用这些参数和元素，组织可以更准确地描述和交换网络威胁情报，提高网络安全水平。同时，TAXII 协议还允许组织对威胁情报进行分类和标记，以便更好地管理和利用这些信息。

TAXII 标准不断发展和更新，以适应新的威胁和技术发展。例如，最新版本的 TAXII 2.1 增加了基于角色的访问控制、TLS/HTTPS 支持等功能，加强了安全性和可扩展性。此外，TAXII 标准还与 STIX、CybOX 和 MAEC 等其他开放标准和框架集成使用，以提供更多的网络威胁情报共享和分析工具。

(3) CybOX[25]

CybOX(Cyber Observable eXpression,网络可观察对象描述)是一种用于描述计算机网络中威胁情报的语言。它是由美国国家安全局(NSA)开发的,旨在提供一种通用的、标准的数据格式,以便在不同的安全产品中使用。它不仅提供了一种格式规范,而且为定义、捕获和共享网络威胁情报提供了机制。

CybOX 语言与特定的开发语言无关。这种独立性使得安全应用程序能够使用不同的编程语言进行开发,使用 CybOX 语言编写的库文件,以及支持的不同操作系统。

CybOX 语言提供了一种描述安全情报的标准格式,使得不同安全产品之间可以共享和交互信息。这种可移植性能够提高信息的利用效率,并且在不同安全产品之间建立一种机制,进一步避免安全情报信息的重复。

(4) CPE[26]

CPE(Common Platform Enumeration)是一个标准的命名系统,可以用于描述计算机操作系统、应用程序、硬件设备等平台。它提供了一种简单而准确的方式来标识和比较不同的平台,在 IT 安全性和漏洞管理方面应用广泛。

CPE 标准由 CPE 名称、CPE 元素和绑定等部分组成。其中:CPE 名称是一个标识符,用于标识特定的产品或系统;CPE 元素用于描述 CPE 产品、厂商和版本的属性;绑定是将 CPE 元素与自己的特定值相结合的代码。CPE 标准中定义了三种类型的元素:硬件、操作系统和应用程序。其中,硬件元素描述了计算机设备的相关属性,操作系统元素描述了操作系统的版本、软件和服务,应用程序元素描述了应用程序的名称、厂商和版本。

(5) OpenIOC[27]

OpenIOC(Open Indicators of Compromise)是由网络安全公司 Mandiant(现为 Google 旗下)开发的一种基于 XML 的标准化威胁情报框架,用于描述和共享入侵指标。该框架允许安全团队以结构化方式记录恶意活动的特征,如恶意文件 Hash(MD5/SHA-256)、异常网络连接(IP/域名)、可疑进程行为或注册表修改等。OpenIOC 的主要优势在于其具有机器可读性,能够与 SIEM(如 Splunk)、EDR(如 CrowdStrike)和威胁情报平台(如 MISP)集成,实现自动化威胁检测与响应。然而,由于它主要依赖已知攻击的静态特征(static indicators),在面对零日漏洞(0-day exploits)或 APT 时可能失效,因此需要结合行为分析(如 MITRE

ATT&CK 框架)进行补充。

(6) CVSS[28]

CVSS(Common Vulnerability Scoring System)是由 FIRST(Forum of Incident Response and Security Teams)维护的全球通用漏洞评分标准,用于量化软件漏洞的严重性(0.0～10.0 分)。其最新版本 CVSS v3.1 从三个维度评估风险:基础指标(base metrics),如攻击向量、影响范围;时序指标(temporal metrics),如漏洞利用成熟度;环境指标(environmental metrics),如企业业务关键性。例如,2021 年曝出的 Log4Shell 漏洞(CVE-2021-44228)因允许远程代码执行(RCE)且利用门槛低,被评定为最高风险等级 10.0 分(critical)。尽管 CVSS 被广泛应用于漏洞管理(如 NVD 数据库)和合规审计(如 PCI DSS),但其评分可能无法完全反映现实威胁态势(如大规模勒索软件攻击),因此需结合 EPSS(Exploit Prediction Scoring System)等动态模型进行优化。

(7) CWE[29]

CWE(Common Weakness Enumeration)是一套用于描述软件安全弱点和漏洞的分类方式和词汇表。CWE 主要由 MITRE 公司维护。在这个系统中,每个弱点都有唯一的标识符,为开发人员提供了一个通用的、标准的术语库,有助于他们分析、评估和修复软件安全问题。

CWE 的标准是一个被广泛接受的软件漏洞分类和描述体系,它将漏洞归类为不同的类型和级别,并提供了漏洞的详细描述、示例代码以及指向其他资源的链接。CWE 包括漏洞类型、漏洞级别、漏洞描述、漏洞示例、相关链接等部分。

(8) MAEC[30]

MAEC(Malware Attribute Enumeration and Characterization)是一个用于描述恶意软件的标准化语言。MAEC 使用一组规范化的术语和结构来描述恶意软件的属性,这些属性包括针对恶意软件的攻击向量、行为和其他特征。MAEC 的目标是提高对恶意软件的理解和检测,包括自动化的恶意软件检测。MAEC 采用了一个层次化的结构,包括恶意软件种类、攻击向量、恶意软件行为、恶意软件特征等主要部分。

另外,MAEC 使用 XML 和 JSON 格式来描述恶意软件的属性,其既可以通过 XML 和 JSON 文档访问,也可以作为文本文件存储。MAEC 的 XML 和 JSON 文件格式定义是相同的,这使得 MAEC 描述恶意软件时具有较好的可扩展性和可互操作性。

(9) CAPEC[31]

CAPEC(Common Attack Pattern Enumeration and Classification)是一种面向安全攻击模式的分类和描述格式。它是一个公开的、社区驱动的标准,其目的是为安全专家提供一种可用于攻击模式枚举、分类和描述的共享格式。

CAPEC 核心数据模型是 CAPEC 标准的基础,提供攻击模式枚举和分类所需的基本数据结构和属性。核心数据模型包括攻击模式、攻击方式、攻击者、攻击客体、攻击场景等基本属性。

CAPEC 家族数据模型在核心数据模型的基础上,提供特定攻击类型的数据模型和属性。CAPEC 家族数据模型包括 DoS、恶意软件、Web 攻击、网络钓鱼等家族数据模型。

1.3 网络威胁情报的可信感知

对多个主流共享情报平台多源集成的网络威胁情报进行分析,发现网络威胁情报不可信的产生是有规律可循的,其不可信的影响因素通常包括以下六个方面:

① 录入信息出错:威胁情报记录员在输入情报或情报传输过程中编码错误导致乱码,或者情报输错,使得情报失真。

② 情报分析师不专业或分析有误:在某次分析中,情报分析师的主观因素导致分析有误。

③ 残缺情报:安全情报分析以结论为主,缺乏证据,导致用户觉得缺乏可信性,并且往往会出现漏报。

④ 过时情报:网络威胁情报具有很大的时效性,目前很多攻击往往是周级别甚至日级别的,一旦情报过时就不再具有价值。

⑤ 以讹传讹:由转传者或转录者导致的情报传播错误。

⑥ 恶意造假:组织或企业为了利益而恶意制造虚假情报。

由上可知,网络威胁情报不可信的成因可宏观上分为客观成因和主观成因,但是主观成因中又可能夹杂真实信息或真实数据来蒙蔽用户,试图让用户在客观上认可情报的质量。该部分甄别难度较大,常常需要很专业的安全分析师借助安全分析工具来精确定位,很难进行量化处理。因此,在本研究模型建立以及设计过程中,主要针对由客观成因造成的不可信网络威胁情报,由主观成因造成的网络威胁情报仅做粗略的可信度分析。

网络威胁情报的价值严重依赖于所获得的网络威胁情报的质量。只有高可信的网络威胁情报才能充分发挥重要决策辅助作用和经济价值,从而为国家的网络空间安全贡献力量。然而,由于网络威胁情报的来源广、种类多、数量多、更新快、价值高等特性,无论是组织自身业务积累还是外部获取的情报都因异源共享集成,面临着情报过时、情报不完整、情报冲突、情报注水等信任问题。不可信的网络威胁情报可能会对网络攻击者或者网络攻击事件等进行不切实际的描述,不但会给情报分析、处理与决策带来巨大的噪声,而且会导致结果偏离或者结论错误,影响网络安全设备的决策以及网络安全分析师的观点及行为。虽然目前国内外已经开发了各式各样的网络威胁情报系统,但它们大多数聚焦于情报收集与聚合。国内外关于网络威胁情报可信感知的研究成果相对较少,缺乏信任管理相关的理论指导,难以充分发挥威胁情报的价值。网络威胁情报的可信感知面临着一系列的挑战。相对于传统的信息网络,网络威胁情报的可信感知研究才刚刚起步,很多问题仍处于前期的探索阶段,缺乏准确的网络威胁情报源可信性评估方法,基本的情报内容可信感知机制,有效的网络威胁情报基础设施节点的威胁类型智能识别方法。网络威胁情报可信感知问题是制约网络威胁情报在合作共享、联动防御、攻击溯源、关联分析、精准决策等方面的瓶颈,直接影响网络威胁情报的作用和价值。因此,研究网络威胁情报的可信感知问题具有重大研究意义。

网络威胁情报的可信感知,是确保网络威胁情报质量的重要手段,直接影响到网络威胁情报的作用和价值。可信感知涉及网络威胁情报的整个生命周期,一般包括网络威胁情报源的可信性评估,网络威胁情报内容本身的可信感知,基于网络威胁情报的挖掘。第一,威胁情报共享社区中情报源数据发布的自由性使得威胁情报源的质量参差不齐。第二,尽管信息可信感知在传统的网络内容研究中已经积累了较多的研究成果,但由于网络威胁情报的领域专业性更强,传统的信息可信感知技术难以直接应用于网络威胁情报可信感知之中。第三,网络威胁情报涉及的基础设施节点的威胁类型标记存在标记效率低和准确率低的问题,严重影响了情报的应用。上述特性对网络威胁情报的可信感知提出了严峻的挑战。在大数据环境下,面对网络威胁情报数量多、种类多、更新快、结构复杂等特性,引入大数据分析技术将更好地保证情报分析的质量和效率。

1.4 网络威胁情报研究面临的挑战

尽管学术界和工业界已经在网络威胁情报理论和实践方面开展了大量研究，但是网络威胁情报来源广、种类多、数量多、更新快、价值高等特性给网络威胁情报的可信感知带来了一系列新的挑战与难题：

① 存在威胁情报源可信性评估中信任因子考虑不足，信任因子权重分配具有主观性的问题。威胁情报共享社区是网络威胁情报共享的主流形式之一，但由于威胁情报共享社区的开放性，存在大量不可信的情报源，研究威胁情报共享社区中情报源的可信度显得尤为重要。信任作为威胁情报共享社区中的复杂概念之一，评估威胁情报源可信性的信任因子有很多，但现有的研究往往关注少量的信任因子，没有很好地考虑社会计算中信任关系的复杂性。如何实现威胁情报源的可信性评估是大数据环境中网络威胁情报可信感知亟待解决的关键问题之一。

② 存在情报内容本身可信评估机制缺失的问题。越来越多的组织和个人开始利用威胁情报共享平台增强其安全防御能力。然而，很多用户担心威胁情报共享平台所提供的威胁情报内容的可信度问题。信任评估机制已成为威胁情报共享平台的热点话题，但现有的大多数威胁情报共享平台并没有为威胁情报内容本身可信度评估问题提供有效的解决方案。因此，如何评估威胁情报内容本身的可信度是大数据环境中网络威胁情报可信感知亟待解决的关键问题之一。

③ 存在网络威胁情报涉及的基础设施节点的威胁类型标记效率低和准确率低的问题。网络威胁情报中涉及的基础设施节点的威胁类型标签非常有限，仅仅依赖人工对海量节点进行标记是不可行的。如何利用网络威胁情报之间的显隐式关系以及智能算法对基础设施节点的威胁类型进行准确的自动识别是大数据环境中网络威胁情报可信感知亟待解决的关键问题之一。

基于国家级科研项目，本书围绕面向大数据的网络威胁情报可信感知问题，分别从如何设计准确的威胁情报源可信性评估方法，如何度量和分析威胁情报内容本身的可信性，如何设计有效的基于异质图卷积网络的威胁类型智能识别方法三个方面展开研究，提出了一系列的新方法和新模型，并基于大量真实数据集进行了实验验证。本书的主要贡献包括以下四个方面：

① 针对威胁情报源可信性评估中信任因子考虑不足的问题,本书提出了一种多维度威胁情报源可信性评估方法。该方法首先从身份信任因子、行为信任因子、关系信任因子和反馈信任因子四个方面对情报源的可信度进行了多维度的评估,然后通过有序加权平均和加权移动平均组合算法为四个信任因子动态分配权重。本书所提出的多维度威胁情报源可信性评估方法克服了现有方法信任因子考虑不足,信任因子权重分配主观性等限制。基于真实数据集的实验结果表明,本书所提出的情报源可信性评估方法具有较高的准确性和自适应性。

② 针对威胁情报内容本身可信评估机制缺失的问题,本书提出了一种基于图挖掘的威胁情报内容本身可信评估模型。该模型通过威胁情报图的构建,基于图挖掘的情报推理,多维度的信任特征提取,以及自动的可解释的信任评估算法,为威胁情报共享平台情报内容可信度评估提供了解决方案。本书基于真实情报数据集对所提模型进行了性能评估,实验结果显示,该信任评估机制可以达到92.83%的精确率和93.84%的召回率。本书所提出的情报内容可信评估模型有利于安全分析师进行策略决定,构建信任感知的威胁情报平台,提高威胁情报的可用性,从而更有效地保护各组织抵御网络攻击。

③ 针对威胁情报中基础设施节点的威胁类型标记效率低和准确率低的问题,本书提出了一种实用的网络威胁情报建模方法和一种基于异质图卷积网络基础设施节点威胁类型智能识别算法。考虑到网络威胁情报中涉及多种类型基础设施节点和节点关系,我们首先建立了威胁情报异质信息网络模型,设计了威胁情报元模式来描述基础设施节点之间的语义关联;其次定义了一种基于元路径和元图实例的威胁基础设施相似度度量方法;最后提出了一种基于元路径和元图实例的异质图卷积网络算法来识别威胁情报中涉及的基础设施节点的威胁类型,并通过分层正则化策略缓解了过拟合问题,其在基础设施节点的威胁类型识别中取得了良好效果。

④ 基于上述理论方法和模型,本书设计并实现了一个威胁情报可信感知系统。该系统首先从多个主流情报源站点采集情报数据,然后构建威胁情报图,提取多维度的可信特征,并使用基于图挖掘的情报内容可信评估算法为用户提供情报可信感知功能,从而解决了现有情报共享平台的情报可信感知功能缺失问题。功能测试和性能测试结果显示该系统能够满足用户对网络威胁情报的可信感知需求。

1.5 本书的组织结构

本书共分为八章,各章之间的关系如图1-9所示。第1章为网络威胁情报概述,依次介绍了研究背景及意义、研究内容和主要贡献等。第2章对威胁情报命名实体识别技术进行介绍。第3章对威胁情报可信感知与智能分析研究进行综述。第4章讨论了多维度威胁情报可信性评估方法。第5章讨论了基于图挖掘的情报内容本身可信感知。第6章讨论了基于异质图卷积网络的威胁类型智能识别。这两章分别从情报内容和威胁类型两个角度讨论情报的可信感知,二者相辅相成,共同完成面向大数据的网络威胁情报可信感知任务。第7章给出了威胁情报可信感知系统的设计与实现,是第3~6章所提出的算法和模型的落地,同时也是面向大数据的网络威胁情报可信感知的落地。第8章对本书研究进行总结,并对下一步的研究方向进行展望。

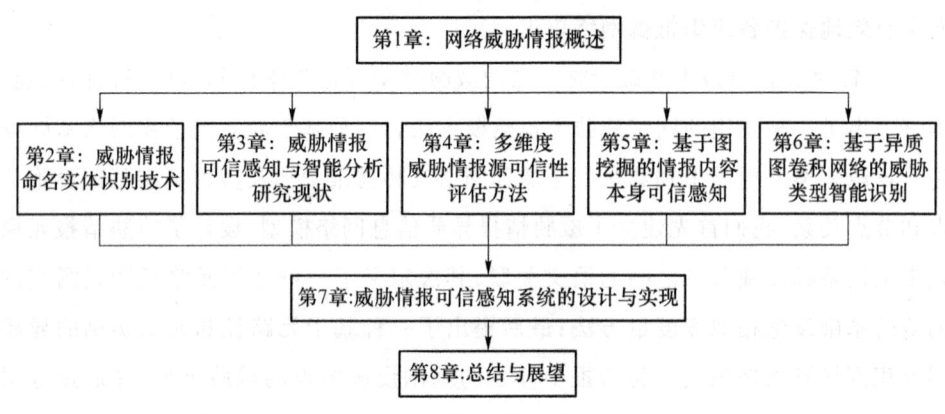

图1-9 各章节之间的组织结构图

参考文献

[1] LEE J S, FAN Y Y, CHENG C H, et al. ML-based intrusion detection system for precise APT cyber-clustering[J]. Computers & Security, 2025, 149:104209.

[2] BAO H F, LI W H, LI Z X, et al. Poster: PGPNet: classify APT malware using prediction-guided prototype network[C]//Proceedings of the 2024 on ACM SIGSAC Conference on Computer and Communications Security. Salt Lake City UT USA. ACM, 2024: 5063-5065.

[3] REN J F, GENG R. Provenance-based APT campaigns detection via masked graph representation learning[J]. Computers & Security, 2025, 148: 104159.

[4] MCMILLAN R. Definition: threat intelligence[EB/OL]. https://www.gartner.com/doc/2487216/definition-threat-intelligence.

[5] BENNETT J T, MORAN N, VILLENEUVE N. Poison ivy: assessing damage and extracting intelligence[EB/OL]. http://www.FireEye.com/resources/pdfs/FireEye-poison-ivy-report.

[6] XU F, ZHAO Q X, LIU X X, et al. Advanced persistent threat detection via mining long-term features in provenance graphs[J]. Frontiers of Computer Science, 2025, 19(10): 1910809.

[7] LI T, LIU X M, QIAO W, et al. T-trace: constructing the APTs provenance graphs through multiple syslogs correlation[J]. IEEE Transactions on Dependable and Secure Computing, 2024, 21(3): 1179-1195.

[8] U. S. Department of Defense. Trusted Computer System Evaluation Criteria (Orange Book)[S]. Washington, D. C.: U. S. Department of Defense, 1983.

[9] 程兴中. 浅析计算机病毒发展史[J]. 辽宁行政学院学报, 2008, 10(6): 248.

[10] KIM Z. Countdown to Zero Day: Stuxnet and the launch of the world's first digital weapon[M]. New York: Crown Publishers, 2014.

[11] MITRE Corporation. MITRE ATT&CK: design and philosophy[J]. Journal of Cybersecurity, 2019, 5(1): 1-15.

[12] BIANCO D. The Pyramid of Pain[J]. Enterprise Detection & Response, 2013.

[13] OBRST L, CHASE P, MARKELOFF R. Developing an ontology of the cyber security domain[J]. CEUR Workshop Proceedings, 2014, 966: 49-56.

[14] WAGNER T D, MAHBUB K, PALOMAR E, et al. Cyber threat

intelligence sharing: Survey and research directions[J]. Computers & Security, 2019, 87: 101589.

[15] 杨泽明,李强,刘俊荣,等. 面向攻击溯源的威胁情报共享利用研究[J]. 信息安全研究, 2015, 1(1): 31-36.

[16] 李建华. 网络空间威胁情报感知、共享与分析技术综述[J]. 网络与信息安全学报, 2016, 2(2): 16-29.

[17] ZEMING Y, QIANG L, JUNRONG L, et al. Research of threat intelligence sharing and using for cyber attack attribution[J]. Journal of Information Security Research, 2015(1): 7.

[18] GAO Y L, LI X Y, LI J R, et al. Graph mining-based trust evaluation mechanism with multidimensional features for large-scale heterogeneous threat intelligence[C]//2018 IEEE International Conference on Big Data (Big Data). Seattle, WA, USA. IEEE, 2018: 1272-1277.

[19] ThreatConnect. Maturing a threat intelligence program[EB/OL]. [2025-03-11]. https://threatconnect.com/resources/maturing-a-threat-intelligence-program/.

[20] An innovative model forassessing current and desired CTI maturity[EB/OL]. [2025-03-11]. https://www.cti-maturity.com.

[21] 天际友盟. 网络威胁情报技术指南[M]. 济南:山东大学出版社,2021.

[22] CTI-CMM. CTI-CMM-methodology & structure[EB/OL]. [2025-03-11]. https://www.cti-cmm.org/methodology-structure.

[23] Mitre Corporation. STIX™: structured threat information expression[EB/OL]. [2025-04-07]. https://stixproject.github.io/.

[24] Mitre Corporation. TAXII™: trusted automated eXchange of indicator information[EB/OL]. [2025-04-07]. https://taxiiproject.github.io/.

[25] The MITRE Corporation. Cyber observable eXpression (CybOX) version 2.1[EB/OL]. [2025-04-07]. https://cyboxproject.github.io/.

[26] MITRE. Common platform enumeration (CPE)[EB/OL]. [2025-04-07]. https://cpe.mitre.org/.

[27] Mandiant. OpenIOC: open indicator of compromise format[EB/OL]. [2025-04-07]. https://github.com/fireeye/OpenIOC 1.1.

[28] First. org. Common vulnerability scoring system v3.1: specification document[S]. Washington, D. C. : FIRST. Org, Inc. , 2019.

[29] MITRE. CWE™: common weakness enumeration[EB/OL]. [2025-04-07]. https://cwe. mitre. org/.

[30] The MITRE Corporation. Malware attribute enumeration and characterization (MAEC)[EB/OL]. [2025-04-07]. https://maecproject. github. io/.

[31] MITRE. CAPEC™: common attack pattern enumeration and classification [EB/OL]. [2025-04-07]. https://capec. mitre. org/.

第 2 章
威胁情报命名实体识别技术

网络威胁情报(Cyber Threat Intelligence,CTI)数据中包含的攻击和防御知识对于准确识别和快速应对网络威胁非常重要,是支撑网络安全产品的重要数据。然而,网络威胁情报数据呈现海量化、碎片化和非结构化的特点,对后续的分析与利用造成了阻碍和困难。虽然近年来基于深度学习的命名实体识别成为网络威胁情报自动化抽取的核心技术,但由于网络威胁情报文本的专业性,来自开源社区的网络威胁情报文本的非规范性,网络威胁情报文实体的特殊性和标注语料的稀缺性等,该研究目前仍存在诸多的困难和挑战。本章对目前开源威胁情报命名实体识别的研究进展进行了综述,首先阐述了网络威胁情报命名实体识别任务的基本流程方法;其次对主流方法模型进行了介绍以及对比分析;再次分析了该研究面临的挑战,总结了网络威胁情报命名实体识别的应用;最后对本章进行了总结。

2.1 引 言

命名实体识别是分析、利用网络威胁情报过程中的重要中间组成部分,它上承数据预处理模块,下启多种应用模块,是自然语言处理中关键的技术和必不可少的部分。网络威胁情报的命名实体识别是基于网络威胁情报的结构化和标准化的需求,从海量的、碎片化的、来源广泛的、异构的网络威胁情报中识别出独立的、有特殊含义的网络威胁情报实体,如攻击组织、攻击方式、攻击意图、恶意文件、恶意代码等。对网络威胁情报文本进行序列标注和标准化处理,为后续的信息抽取和数据挖掘以及相关的应用,如构建网络威胁情报知识图谱[1-2]、网络攻击溯源图[3-5]等做准备。面向网络威胁情报的命名实体识别技术具有重要的应用前景。

2.2 威胁情报的实体关系抽取技术

2.2.1 命名实体识别技术

命名实体识别作为信息抽取任务中的核心模块,已经广泛应用于智能问答、信息检索、机器翻译等自然语言处理任务。命名实体识别任务要求识别文本中包含的命名实体并标记所属类型,通用领域的实体类型包括人物、组织机构、地理位置、货币、事件日期、百分数表达式等。随着命名实体识别任务研究的逐步发展,提取实体的范围不断扩大,实体分类精细化,更多的语种、学科领域被包含进来。如图 2-1 所示,命名实体识别技术发展经过多个阶段,包括基于规则的模式匹配方法、基于统计机器学习的方法、基于深度学习的方法和多融合的深度学习方法。早期多使用基于规则的模式匹配方法。在大规模有标注语料库出现后,基于统计机器学习的方法成为主流。随着计算能力不断提高,基于深度学习的方法凭借自动挖掘特征模板替代了传统基于统计机器学习的方法。如今,融合其他研究方向先进技术的深度学习方法成为研究人员的主要探索方向。

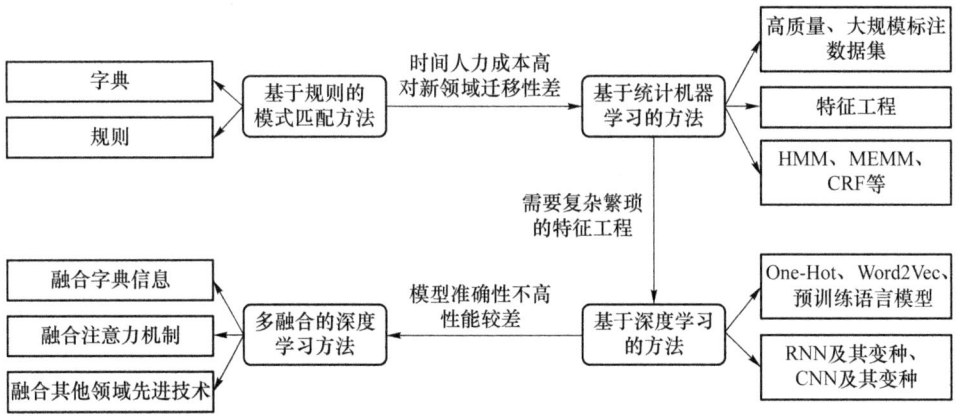

图 2-1 命名实体识别技术发展路线

1. 基于规则的模式匹配方法

基于规则的模式匹配方法早期广泛应用于命名实体识别技术中,该方法要求提取领域内最高水平知识并转化为规则形式,首先邀请领域专家根据领域知识和语法规则构建大量的规则模板,再进行模式匹配,获取实体。基于规则的模式匹配方法首先要求维护一个数量多且覆盖面广的词典,词典中收录领域内大量的专有名词,作为实体识别的参考样本。若抽取文本中存在未被词典收录的实体,则需手动添加新实体到词典以便下一次识别。在词典的基础上,可以补充实体的构造规则并提取实体,典型的构造规则包括关键词、位置词、中心词等。表 2-1 展示了在通用领域中的人名、地名、组织名的构造规则。

表 2-1 通用领域中的实体名称构造规则

实体类型	规则
人名	(姓氏)+(名字)
地名	(地域名称)+(指示词)
组织名	(人名)|(地名)|(组织名)|(其他专有名词)+(组织类型)+(指示词)

虽然基于规则的模式匹配方法准确率较高,但命名实体规则极度依赖相关领域的专家,而且在新的领域适用性不强,遇到其他语言时基本无法复用,迁移性较差。此外,领域词典需要及时更新维护,不断更新领域知识将导致难以构造完备的词典。当领域实体规则被穷举后,基于规则的模式匹配方法将适用于该领域。此外,在机器学习、深度学习模型后添加规则和词典进行校正能有效提高实体识别的准确率。

2. 基于统计机器学习的方法

随着大规模有标注语料库的出现,通过对语料库进行训练后能够自动识别语言规律的机器学习方法成为新的研究热点。利用特征模板解释实体上下文特征,使机器可以充分学习实体上下文含义,从而提高模型预测的准确率。基于统计机器学习方法的命名实体识别技术的关键在于选取准确的特征,合适的特征能充分反映某类实体特性。常见的特征包括上下文特征、词性特征等,组合多种合适的特征构建特征工程能有效提升系统性能。

常见的统计机器学习模型包括隐马尔可夫模型(Hidden Markov Model,

HMM)、最大熵马尔可夫模型(Maximum Entropy Markov Model,MEMM)、条件随机场(Conditional Random Field,CRF)等。其中,CRF集合了HMM和MEMM的特点,既能综合有效语言信息,又不依附于HMM中严格的独立性假设,成为命名实体识别应用中的主要模型。CRF是在给定一组输入随机变量条件下计算另一组输出随机变量条件概率分布的模型。对于命名实体识别这一类序列标注问题,通常采用的是如图2-2所示的线性条件随机场(Linear-CRF)。

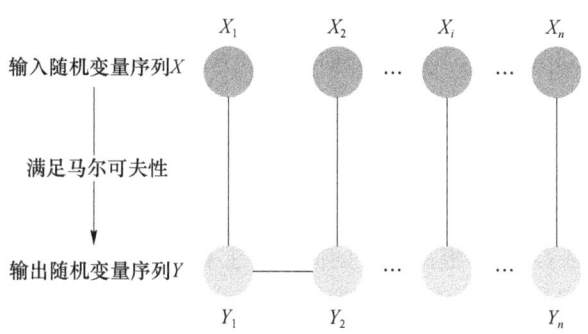

图 2-2 线性条件随机场模型

Linear-CRF仍满足HMM,且在HMM的基础上引入了特征函数S_l和T_k。$S_l(y_i,x,i),l\in(1,2,\cdots,L)$表示当前的状态特征,且只与当前状态有关,其中$l$是定义在该节点的节点特征函数总数,$x$表示观测序列,$i$是当前节点在序列中的位置。$T_k(y_{k-1},y_i,x,i)$表示当前时刻的转移特征,即由$k-1$时刻转移至$k$时刻的特征函数,当前的状态特征与之前时刻的状态有关。设$P(Y|X)$为线性条件随机场,则在随机变量X取值为x的条件下,随机变量Y的取值为y的条件概率具有如下形式:

$$P(y|x) = \frac{1}{Z(x)}\exp\Big(\sum_{i,k}\lambda_k t_k(y_{i-1},y_i,x,i) + \sum_{i,l}\mu_l s_l(y_i,x,i)\Big) \quad (2-1)$$

$$Z(x) = \sum_y \exp\Big(\sum_{i,k}\lambda_k t_k(y_{i-1},y_i,x,i) + \sum_{i,l}\mu_l s_l(y_i,x,i)\Big) \quad (2-2)$$

其中,t_k和s_l是特征函数,λ_k和μ_l是对应的权值,$Z(x)$是规范化因子。求和是在所有可能的输出序列上进行的。

3. 基于深度学习的方法

深度学习的广泛应用改善了以往机器学习需要复杂且烦琐的特征工程的问题,通过机器的计算和训练神经网络模型能自动找出潜在的特征模板集合。在深度学习框架中,首先对输入文本进行向量化表示;其次通过文本编码层,利用特征提取器提取特征;最后输入标签解码层,利用解码网络得到最佳标签序列。

(1) 词向量

词向量在自然语言处理任务中将离散的文本语料转化为便于神经网络处理的实值向量,如对于基于字符的文本输入句子 $S=(x_1,x_2,\cdots,x_n)$,可以将序列中的字符 x_i 转化为 d 维实值向量 l_i,从而全句可以表示为向量矩阵 $\boldsymbol{W}=[l_1,l_2,\cdots,l_n]$,最终输入深度学习模型中进一步处理。早期文本词向量表示采用独热编码(One-Hot),该方法构建大小为 N 的词典来表示 N 个不同的字符,其中字典中的每个字符都是长度为 N 的连续整数向量,第 i 个字符向量的第 i 维值为 1,其余位置值为 0。该方法虽然编码方式简单,但不能表现词语之间的联系,并且矩阵高维且稀疏,会影响模型性能。

Word2Vec 是 Google 提出获取词向量的工具包,其利用词的上下文信息获得低维稠密的词向量。其中,连续词袋模型(Continuous Bag of Words Model,CBOW)的训练方式是通过某个中心词周围的背景词预测该词。如对于输入文本序列"太阳从东方升起",设定背景窗口大小为 2,以"从"为中心词,中心词及背景词关系如图 2-3 所示。连续词袋模型需计算对于给定背景词"太""阳""东""方"生成中心词的条件概率,即 $P(\text{"从"}|\text{"太""阳""东""方"})$。

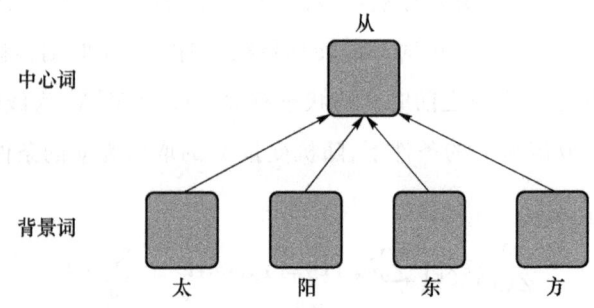

图 2-3 连续词袋模型中心词及背景词关系

考虑到连续词袋模型中背景词可能不止一个,为方便计算,需将背景词向量平均化处理。令 $v_i \in \mathbb{R}^d$ 和 $u_i \in \mathbb{R}^d$ 分别表示词典索引为 i 的背景词向量和中心词向量,由背景词计算中心词的条件概率表示为

$$P(w_c|w_{o_1},\cdots,w_{o_{2m}}) = \frac{\exp\left(\frac{1}{2m}u_c^\mathrm{T}(v_{o_1}+\cdots+v_{o_{2m}})\right)}{\Sigma_{i\in v}\exp\left(\frac{1}{2m}u_i^\mathrm{T}(v_{o_1}+\cdots+v_{o_{2m}})\right)} \quad (2\text{-}3)$$

其中,w_c 表示中心词在词典索引为 c,$w_{o_1},\cdots,w_{o_{2m}}$ 表示背景词在词典的索引为 $o_1,\cdots,o_{2m}$。对于输入长度为 T 的文本序列,令背景窗口大小为 m,$w^{(t)}$ 为第 t 步的词,则连续词袋模型计算似然函数为

$$\prod_{t=1}^{T} P(w^{(t)} \mid w^{(t-m)},\cdots,w^{(t-1)},w^{(t+1)},\cdots,w^{(t+m)}) \tag{2-4}$$

连续词袋模型通过最大化似然函数方法来训练,计算损失函数如公式(2-5)所示。需要注意的是,连续词袋模型中一般使用背景词向量作为该词的表征向量。

$$\text{loss} = -\sum_{t=1}^{T} \log P(w^{(t)} \mid w^{(t-m)},\cdots,w^{(t-1)},w^{(t+1)},\cdots,w^{(t+m)}) \tag{2-5}$$

(2)神经网络模型

在深度学习中,神经网络是一种模仿人脑神经元构建的数学模型,其不同的神经元连接方式组成不同的网络。基础的神经网络通常只考虑前一时刻输入的影响而无法关联其他时刻的输入影响,但对于文本序列处理通常需要当前时刻的输入信息和前后输入的记忆信息。循环神经网络作为一种特殊的神经网络结构,不仅考虑当前时刻的输入,而且能"记忆"前序的输入。具体表现为 RNN(递归神经网络)隐藏层节点之间是相互连接的,即当前时刻隐藏层的输出由输入层输入和上一时刻隐藏层的输出共同决定。

循环神经网络结构如图 2-4 所示,它由多个循环神经单元结构组成。其中,x 表示输入的样本,s 表示循环的隐藏层,o 表示输出的样本,U 表示输入样本的权重,W 表示输入的权重,V 表示输出样本的权重。图右侧将循环神经网络结构展开,输入为时间序列 $\{\cdots,x_{t-1},x_t,x_{t+1},\cdots\}$,隐藏层为 $\{\cdots,s_{t-1},s_t,s_{t+1},\cdots\}$,循环神

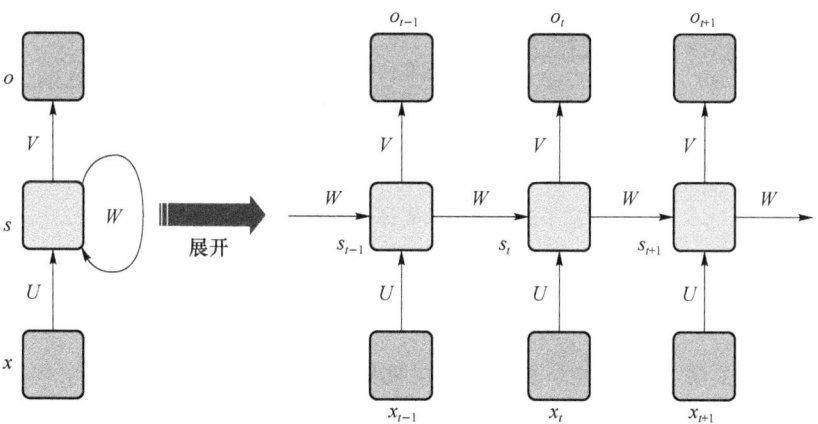

图 2-4 循环神经网络结构

经网络计算如下:

$$s_t = f(Ux_t + Ws_{t-1}) \tag{2-6}$$

$$o_t = g(Vs_t) \tag{2-7}$$

其中,$f(\cdot)$ 通常为 tanh,relu,sigmoid 等激活函数,$g(\cdot)$ 通常为 softmax 等激活函数。

2.2.2 实体关系抽取相关技术

实体关系抽取作为信息抽取技术中重要子任务,广泛应用于机器翻译、语义标注、知识图谱等任务中,其主要通过对文本语义信息建模,自动化抽取命名实体以及实体间语义关系,获取有效的实体关系三元组。与命名实体识别任务类似,传统的实体关系抽取方法包括基于规则、词典和本体的早期模式匹配方法,基于特征向量和基于核函数等传统机器学习方法,但这些方法存在跨领域的可移植性较差,特征提取繁杂、误差传播等问题。近年来,随着数据处理能力的不断提升,基于深度学习的方法成为研究热点,该类方法能避免传统方法中需要人工选择特征的问题,缓解特征抽取过程中误差累积的现象。如图 2-5 所示,依据命名实体识别和关系分类完成的先后顺序,基于深度学习的实体关系抽取方法可以分为流水线方法和联合学习方法。

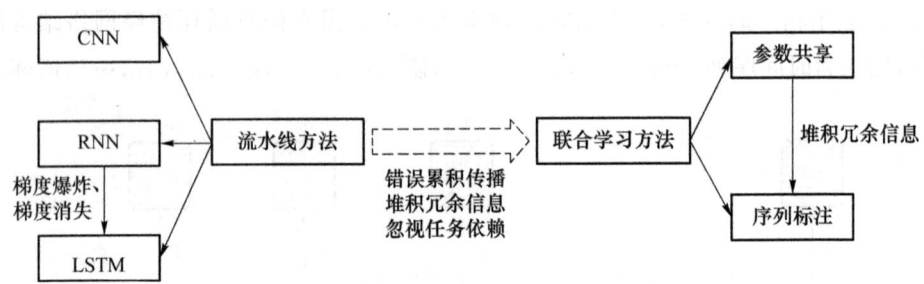

图 2-5 基于深度学习的实体关系抽取方法发展历程

(1) 基于流水线的实体关系抽取方法

流水线方法中,先对文本序列进行命名实体识别,再对已标注实体的句子进行关系分类,最后输出实体关系三元组。早期的流水线方法主要在 CNN 和 RNN 两类模型基础上拓展。其中,CNN 凭借多样性的卷积核设计能自动学习目标的隐藏特征,RNN 凭借记忆过去信息能有效识别文本序列信息。虽然流水线方法的实验

结果相对良好,但存在以下三个问题:

① 实体识别任务中出现的错误会降低后续关系分类任务的准召率,存在错误传播的问题;

② 对于实体识别任务获取的实体相互配对再进行关系分类任务,但实体对可能不存在关系,导致产生冗余信息,影响模型效率;

③ 两个子任务本属于同一任务,分开执行会降低子任务之间的联系,导致语义信息流失。

(2)基于联合学习的实体关系抽取方法

相比流水线方法,联合学习方法能充分利用实体和关系之间紧密的交互信息,避免流水线方法中存在的缺陷。根据联合学习方法中建模对象的不同,联合学习方法可以分为基于参数共享的方法和基于序列标注的方法。在参数共享方法中,通过共享整体模型的编码层来实现实体抽取子任务和关系分类子任务的联合学习。在训练过程中,两个子任务均会通过后向传播算法更新编码层共享参数并找到全局最佳参数,以此获得性能最优的实体关系抽取模型。随后在解码层会首先进行命名实体识别子任务,再根据实体识别的结果对实体对进行关系分类,最终输出实体关系三元组。参数共享方法虽然改善了传统流水线方法中错误传播和忽视子任务之间依赖关系的问题,但在解码阶段两个子任务实质上仍存在执行顺序,冗余信息问题无法解决。因此,基于序列标注的实体关系联合抽取模型被提出。该方法将包含命名实体识别和关系分类子任务的联合学习模型转化为序列标注问题,标注信息包括实体中字词的位置信息、实体关系类型信息以及实体角色信息。通过构建端到端的神经网络模型,同时识别实体和实体间关系,有效避免了繁杂的特征工程并解决了冗余信息问题。

2.3 威胁情报命名实体识别面临的挑战

威胁情报信息抽取任务与普通文本信息抽取任务有一些共同点,但也存在一些明显的不同之处,如表 2-2 所示。网络威胁情报命名实体识别任务面临着数据稀缺问题、数据异构问题、多语言支持问题、高度关联性问题和私有化数据问题等诸多挑战。

表 2-2 威胁情报信息抽取与普通文本信息抽取任务的异同点

—	—	威胁情报信息抽取任务	普通文本抽取任务
不同点	领域专业性	需要对网络安全领域有深入的专业理解,了解威胁类型、攻击手法、安全漏洞等	涉及的领域较为宽泛、通用,对专业知识的需求相对较低
	语义复杂性	需要处理较为复杂的语义结构,包括攻击者的意图、目标系统、受影响的组织等	语义结构相对简单,信息通常更为直接
	数据标注难度	获取大规模标注的威胁情报数据可能更为困难,因为这需要专业领域知识	通用文本数据更容易获取,并且标注相对较简单
共同点	信息抽取任务	需要从文本中提取关键信息,如攻击类型、攻击者身份、受影响的系统等	需要从文本中抽取相关信息,如实体识别、关系抽取等
	深度学习的应用	可以应用深度学习技术提高信息抽取的准确性,如 CNN、RNN 等	可以应用深度学习技术提高信息抽取的准确性
	上下文理解	对事件的上下文理解至关重要,以更好地理解攻击事件的发展过程	上下文理解同样重要,包括文本中的时间顺序、关联关系、主客体对象等
	NLP 技术的应用	可以利用 NLP 技术,如词嵌入、语义角色标注等	同样可以使用 NLP 技术,如词法分析、句法分析等

2.3.1 数据稀缺问题

数据稀缺问题指的是训练模型所需的训练样本数量过少,以至于模型难以学习到足够的信息,从而导致模型的泛化能力差,易于过拟合,甚至无法训练等问题。数据稀缺问题在一些特定的领域,如网络威胁情报等,显得尤为突出。一方面,由于网络威胁情报涉及机构的商业秘密或隐私信息,很难收集到足够的数据;另一方面,网络威胁情报报告中的有效实体信息占整个篇幅的比例通常较小,并且网络威胁情报数据的收集成本高、时效性差、精准性低,会导致缺乏足够的数据对模型进行训练。

另外,网络威胁情报文本的非规范性和专业性以及网络威胁情报实体的独特性,也导致了网络威胁情报的数据稀缺问题。网络威胁情报的来源广泛,来自论坛、开源社区等的网络威胁情报存在书写不规范的特点,如不规范的语法,拼写错误,句子结构缺失等问题。同时,网络威胁情报包含大量的专业术语、非常规的缩略语和首字母缩写词等,IP 地址、路径、进程名称、系统调用名称和许多其他术语经常被普通 NLP 工具误解,文本结构体现出更强的专业性和复杂性,这些问题和特点均为网络威胁情报的命名实体识别任务带来了挑战。网络威胁情报中除了常规的实体之外,还有许多结构复杂的非常规实体,主要有以下两种情况:一是存在结构复杂的嵌套类实体,如"鱼叉攻击邮件"中,"鱼叉攻击"是攻击类型,而"鱼叉攻击邮件"则是具体的攻击工具;二是存在位置不连续的跳跃类实体,如"携带恶意宏或漏洞利用的 Office 文档",其中包含"携带恶意宏的 Office 文档"和"漏洞利用的 Office 文档"两个非连续实体。解决数据稀缺问题的方法包括:

(1) 数据增强

通过旋转、平移、添加噪声等方式提高数据集的丰富性和数量,从而增加模型训练时的数据量。北京邮电大学的研究人员[6]提出了一种基于生成模型的数据增强方法,该方法通过将标签数据线性化,训练了一个生成模型,用以生成全新的数据以实现网络威胁情报数据的增强,丰富了网络威胁情报实体。实验结果表明,与传统的基于随机删除的数据增强方法相比,这种基于生成模型的方法使命名实体识别任务的 F1 分数提高了 1.94%。

(2) 迁移学习

利用已有的大规模数据集和模型。通过预训练方式将模型参数初始化,再在少量的目标数据集上进行微调训练。Zhao 等[7]提出了一种支持聚类增强迁移的框架和方法,该方法不仅可以找到两种不同攻击的公共潜在子空间并学习优化的表示,还可以自动查找新攻击和已知攻击之间的关系,模拟场景的评估。实验结果表明,相较于决策树、随机森林、KNN 和 HeMap(一种新颖的迁移学习方法),在大多数情况下,该方法提高了 F1 分数。在数据不均衡的情况下,尽管所有方法在 10% 攻击数据下的 F1 分数都较低,但当再添加 10% 攻击数据时该方法将 F1 分数提高了 50%,并且随着攻击数据的增加,指标不断上升。

(3) 主动学习

选择最有价值的数据点来提升学习性能。可以通过人工标注或者基于模型的方法来进行数据点的选择,从而有效减少数据稀疏性的影响。Torres 等[8]提出了一种新颖的主动学习策略,即基于用户先前标记的连接构建随机森林模型,生成的模型向用户提供剩余未标记连接的概率估计,帮助用户完成网络安全流量的标注任务。相较于传统的 ILAB 策略,该主动学习策略使 F1 分数提高了 1%。

(4) 半监督学习

利用少量的有标注数据和大量未标注数据。通过学习未标注数据的分布特征等方法,来提高建模性能。Li 等[9]提出了一种针对安全领域表格数据的半监督方法以进行数据增强,其创新了三元组混合数据增强方法,利用一小部分标记数据和大量未标记数据来训练学习模型。实验结果表明,在使用了该方法后,在对安全领域表格数据特征进行提取的任务上,微平均 F1 分数提高了 9%。

总之,数据稀缺问题是网络威胁情报命名实体任务中的重要挑战之一,解决这个问题需要创新的数据增强方法、迁移学习技术、主动学习技术以及半监督和自监督学习方法等。

2.3.2 数据异构问题

数据异构问题指的是多源数据之间存在多样化的格式、类型、结构和语义差异等情况。例如,在自然语言处理领域中,不同类型的文本数据可能具有不同的语言、风格、场景、主题等特点,不同的组织、团队或国家会产生不同的数据来源和格式,同时也涉及自由文本、半结构化、结构化数据等多种不同的语言和格式,这会极大地增加数据融合的难度。解决数据异构问题需要考虑以下四个方面:

(1) 数据清洗与预处理

通过对数据进行清洗、去重、归一化等操作,确保多源数据具有一定的一致性和规范化,从而减少数据间的异构性。张红斌等[10]通过对原始数据集进行处理,合并单位时间的数据,删除无效的样本,将具有相似特征和行为的少数的攻击数据进行合并,从而发现了攻击样本的数量特征,为通过纳什均衡进行网络威胁情报的态势感知提供了基础数据和有力支持。

(2) 特征工程

由于不同源数据具有不同的特点和结构,需要采用不同的特征表示方法和特征选择方法,以便更好地利用数据。来自四川大学的于忠坤等[11]提出了一种基于注意力机制和特征融合的深度学习模型,在网络威胁情报中,对与网络攻击相关的战术、技术、程序等相关特征进行选择和抽取,完成了对网络威胁情报信息的抽取和分类。

(3) 集成学习

通过引入集成学习技术,可以将多个不同源数据的模型进行融合,从而提高建模性能和泛化能力。Zheng 等[12]针对恶意挖矿软件,提出了一种基于威胁情报层次特征集成的恶意挖矿软件检测方法。该方法使用集成学习方法,在威胁情报层次特征的基础上组件恶意挖矿软件检测器。相对于挖矿恶意软件基线检测方法,该方法的准确率更高 6.13%。

(4) 自动化建模

自动化建模技术可以应对多源数据更多元化的问题。它能够自动地进行特征选择、模型选择和参数优化等操作,并生成最优模型,从而降低数据异构性带来的难度。Bromander 等[13]为了解决随着网络威胁情报数据不断增加,如何利用自动化建模提高网络威胁情报利用效率的问题,提出了一个严格的数据模型,为网络威胁情报应该如何被从业者共享和使用提供了演示方法,并实现了新知识的自动化抽取和数据模型的严格推演。

数据异构问题是网络威胁情报命名实体任务面临的一个重要挑战。面对这个问题,我们需要采用多种方法和技术来解决数据异构问题,不断提升数据利用价值和建模能力。

2.3.3 多语言支持问题

多语言支持问题是指在自然语言处理和文本挖掘领域中,不同语种之间的语言差异所带来的挑战。在文本挖掘和自然语言处理过程中,需要考虑多语言问题,以保证模型对不同语言的数据都有较好的处理能力。不同的组织、团队或国家会使用不同的语言来发布网络威胁情报,因此威胁情报信息抽取需要支持多语言环境。多语言支持问题涉及以下四个方面:

(1) 语言识别

首先需要对文本数据进行语言识别,确定数据所属的语言类型。

(2) 分词处理

不同语言的词汇库不同,因此,在分词处理时需要使用不同的分词器。比如

Jieba(结巴分词)在中文上表现不错,而spaCy[14]适用于英语和其他一些欧洲语言。

(3) 特征表示

不同语言具有不同的语法和语义结构,要让模型正确地理解不同语言的文本数据,需要针对不同语言提供不同的特征表示方法。

(4) 模型训练

多语言情况下,可以使用跨语言迁移学习的方法,从而提高模型在不同语言之间的泛化能力。通过引入跨语言预训练模型,可以将模型的语言能力进行拓展,让模型在处理不同语言数据时更为准确和高效。

Rehan等[15]通过利用带有微调技术的迁移学习方法来解决乌尔都语和英语中的多语言威胁文本检测任务。为解决多语言任务,他们研究了两种方法:联合多语言和联合翻译方法。前一种方法采用为不同语言构建通用分类器的概念;而后一种方法利用翻译将文本转换为一种语言,然后执行分类,同时探索了印度语言的多语言表示和经过微调的鲁棒优化BERT预训练方法。这些方法已经在上下文和语义特征方面优于基线。Ebrahimi等[16]针对国际暗网中数以万计的多语言网络威胁情报,利用长短期记忆、跨语言知识转移和生成对抗网络(GAN)原理设计了一种新颖的对抗方法。该方法对未翻译的文本进行操作,以保留语言的原始语义,利用有关跨语言网络威胁的集体知识来创建语言不变的表示,而无须任何手动特征工程或外部资源。在法语和俄语论坛上进行的实验证明了该方法的有效性。2022年,Ebrahimi等[17]优化了该方法,形成了更新颖、有效的对抗性深度表示学习(ADREL)方法。该方法使用生成对抗网络生成多语言文本表示,借鉴了跨语言知识迁移的最新技术,可以实现针对国际暗网中的跨语言网络安全文本的自动提取可迁移文本表示,并促进多语言内容分析。

总之,多语言支持问题是网络威胁情报命名实体识别领域中需要解决的一项难题。为了更好地应对这个问题,需要对每个语言的特点、语法和语义结构进行深入理解,并采用合适的技术手段和方法对不同语言数据进行处理和建模。

2.3.4 高度关联性问题

高度关联性问题是指威胁情报信息之间存在很强的关联性。这些信息之间不仅涉及语义关联,还包括事件之间的时间顺序和逻辑关系等。在进行威胁情报信

息抽取时,需要考虑这些关联性的影响,以提高信息抽取的精确度和准确性。针对高度关联性问题,可以采用以下方法:

(1)上下文语境建模

在威胁情报信息抽取中,需要对信息之间的上下文语境进行建模,以尽可能地保留信息之间的相关性。例如,在抽取事件描述信息时,在信息中加入该事件的时间、地点等相关信息,从而更好地描述该事件的特征。

(2)序列建模

网络威胁情报信息通常是按照时间顺序而产生的,因此采用序列建模方法可以更好地捕捉信息之间的时间顺序和逻辑关系。这种方法可以通过 RNN 或变换器(Transformer)等模型来实现。

(3)图表示学习

在高度相关的情况下,将威胁情报信息表示为一个图结构,可以更好地捕捉信息之间的关联性。这种方法具有较强的表达能力,可以采用图神经网络(GNN)等方法进一步处理信息。

Bouharoun 等[18]针对威胁情报信息抽取中的高度关联性问题和可拓展性限制,提出了一种用于网络威胁情报的点对点联合图神经网络方法。该方法结合了确保数据安全和隐私的技术,包括安全聚合方法和分散采样技术,以此来减少交换消息的数量。该方法还包括用于检测和防止中毒攻击的信誉评分技术,以在有恶意参与者的情况下实现弹性。该方法最终解决了在收集和分析网络威胁情报的过程中存在的可用性、推理攻击、中毒攻击问题。Wei 等[19]设计了一种基于图神经网络的图模糊匹配方法来解决威胁情报信息抽取任务中的高度关联问题和数据匹配问题。其基于一个能够组合 IoC 信息的属性嵌入网络,以及将可以捕获 IoC 之间关系的图嵌入网络,从而稳健地将来源数据与已知的攻击行为进行匹配。Huang 等[20]引入了一种基于 Transformer 的模型,该模型具有基于度量学习和排序梯度协调机制(TSGL)的三重态损失,充分利用了从结构化或半结构化数据转换的高关联度网络威胁情报,并有助于提取关键网络威胁情报。

高度关联性问题是威胁情报信息抽取中需要解决的一个重要问题。通过上下文语境建模、序列建模和图表示学习等方法,可以更好地捕捉信息之间的关联关系,提高威胁情报信息抽取的准确性和效率。

2.3.5 私有化数据问题

私有化数据问题是指威胁情报信息具有高度机密性和私密性,难以进行数据共享和开放,因此,缺乏足够的公开数据集来支持研究和模型训练。针对私有化数据难题,可以采取以下措施:

(1) 建设共享数据集

每个组织和机构都可以按照一定的标准和规范,建设自己的数据集,并对数据进行共享,以此增加数据的质量和多样性。在数据共享时,应该考虑数据隐私和保密性的问题,采用加密和匿名化等技术手段来保护敏感信息;同时,可以通过公开数据集比赛等方式,推广数据集共享的理念和文化。

(2) 众包标注

威胁情报信息的标注需要高度专业化和技术化的环境,而这样的环境可能只存在于少数组织和机构中。因此,可以借助众包平台等外部资源,引入更多的标注人员来提高标注质量和标注效率。

(3) 模拟数据集

针对某些敏感数据和难以采集的数据,可以通过采用模拟数据集的方式来进行模型和算法的训练。例如,采用合成数据生成技术等方法来构建虚拟的数据集,从而克服数据缺乏的问题。

(4) 私有计算

在威胁情报信息抽取的过程中,可以采用私有计算技术,确保数据的安全性和隐私性。例如,可以采用安全计算和差分隐私等技术来实现模型训练和数据处理。

Sarhan 等[21]提出了一种协作网络威胁情报共享方案。该方案允许多个组织联合起来设计、培训和评估基于机器学习的强大网络威胁检测系统,解决由于使用不同来源和组织的异构网络数据样本造成的隐私问题和缺乏通用的数据集格式问题。该威胁情报共享方案在其应用中利用了两个关键点:以通用格式提供网络数据流量,从而允许跨数据源提取有意义的模式;采用联合学习机制,以避免在组织之间共享敏感用户信息。因此,每个组织都可以从其他组织的情报中受益,同时在内部维护其数据的隐私。Jesus 等[22]提出下一代网络安全方法将以网络威胁情报为中心,回顾了开放式众包网络威胁情报的现状和挑战,对现有共享架构和标准进行了机密性威胁分析,包括审查 2014—2022 年间来自流行开放平台的约 100 万个现实世界源量化固有风险,并提出了一个高水平的网络威胁情报开放共享架构,以此链接一个个网络安全孤岛。

越来越多的私有化数据难题是网络威胁情报应用面临的重要挑战之一,在解决这个问题时可以考虑数据共享、众包标注、模拟数据集和私有计算等方法,同时加强数据保护和隐私保护意识,从而有序、透明和安全地使用数据。

2.4 威胁情报命名实体识别的应用

2.4.1 在威胁情报分析中的应用

网络威胁情报命名实体识别技术可以帮助安全专家在威胁情报分析中更好地了解威胁来源、攻击者、攻击目标等信息。具体来说,网络威胁情报命名实体识别在威胁情报分析中的应用主要包括以下三个方面:

(1)识别攻击者

网络威胁情报命名实体识别可以帮助安全专家识别攻击者的命名实体,如黑客组织、恶意软件作者等,从而更好地了解攻击者的背景和动机。通过分析攻击者的行为和手段,安全专家可以制定相应的安全策略和措施,以防止类似攻击再次发生。

(2)识别攻击目标

网络威胁情报命名实体识别可以帮助安全专家识别攻击目标的命名实体,如公司、政府机构等,从而更好地了解攻击者的目的和意图。通过了解攻击目标的敏感信息和业务流程,安全专家可以制定相应的安全策略和措施,以保护攻击目标的安全和隐私。

(3)识别攻击方式

网络威胁情报命名实体识别可以帮助安全专家识别攻击方式的命名实体,如漏洞、恶意软件等,从而更好地了解攻击者的手段和技术。通过分析攻击方式的特征和漏洞的来源,安全专家可以制定相应的安全策略和措施,以弥补系统漏洞和防范类似攻击。

为了适应快速发展的网络攻击,从安全事件报告中获取有价值的信息,帮助企业了解快速发展的威胁形势并及时部署预防措施,Chen 等[23]提出了一种基于网络威胁情报命名实体识别的新型网络威胁情报提取系统。该系统提取关键威胁实体并以图形和文本的形式呈现了它们的关系,从而帮助网络安全人员快速掌握安全报告中的关键信息。为了捕获攻击相关信息,该系统采用 BERT 来增强上下文词表示,并应用迁移学习来提取威胁实体之间的关系。评估结果表明,所提出的系统在关系提取方面取得了 97% 的 F1 分数,并且能够有效地检索有用的威胁信息。Marinho 等[24]提出了一个自动识别和分析新兴威胁的框架,该框架包括三个主要部分:网络威胁情报命名实体识别;通过使用两个机器学习层来过滤和分类推文,根据其意图或目标来分析已识别的威胁;根据威胁的风险生成警报。该研究的主要贡献是根据其意图或目标来描述或分析已识别威胁的方法,提供有关威胁的更多背景信息和缓解途径。

网络威胁情报命名实体识别技术在威胁情报分析中具有广泛的应用前景,可以帮助安全专家更好地了解威胁情报的特征和来源,提高网络安全防御的效率和准确性。

2.4.2 在恶意代码分析中的应用

网络威胁情报命名实体识别技术可以帮助安全专家在恶意代码分析中更好地了解恶意代码的构成和行为。具体来说,网络威胁情报命名实体识别在恶意代码分析中的应用主要包括以下三个方面:

(1) 识别命名实体

网络威胁情报命名实体识别可以帮助安全专家识别恶意代码中的命名实体,如控制服务器的地址、加密算法的密钥等,从而更好地了解恶意代码的构成和行为。

(2) 分析恶意代码行为

通过对恶意代码中的命名实体进行识别,安全专家可以进一步分析恶意代码的行为和特征。例如,通过识别控制服务器的地址,可以了解恶意代码的控制方式和攻击目标;通过识别加密算法的密钥,可以了解恶意代码的加密方式和解密方法。

(3)制定安全策略

通过对恶意代码中的命名实体进行识别和分析,安全专家可以制定相应的安全策略和措施,以防止类似恶意代码的攻击再次发生。例如:可以封锁控制服务器的地址,以防止恶意代码的远程控制;可以升级防病毒软件的加密算法,以提高恶意代码的检测能力。

网络威胁情报命名实体识别技术在恶意代码分析中具有广泛的应用前景,可以帮助安全专家更好地了解恶意代码的构成和行为,从而提高网络安全防御的效率和准确性。

2.4.3 在威胁情报共享中的应用

网络威胁情报命名实体识别技术可以帮助安全社区更好地标注和分类威胁情报,从而方便威胁情报的共享和交流。网络威胁情报命名实体识别在威胁情报共享中的应用主要包括以下三个方面:

(1)标注威胁情报

网络威胁情报命名实体识别可以帮助安全专家更好地标注威胁情报中的命名实体,如组织机构、个人、IP地址、域名等,从而方便进行威胁情报的分类和检索。通过标注威胁情报中的命名实体,安全社区可以更好地了解威胁情报的来源和特征,提高威胁情报的质量和准确性。

(2)分类威胁情报

网络威胁情报命名实体识别可以帮助安全专家更好地对威胁情报进行分类,如按照攻击者、攻击目标、攻击方式等进行分类,从而方便威胁情报的检索和利用。通过分类威胁情报,安全社区可以更好地了解威胁情报的类型和特征,提高威胁情报的利用价值。

(3)共享威胁情报

通过标注和分类威胁情报,安全社区可以更方便地共享威胁情报。例如,可以将标注和分类后的威胁情报上传到共享平台,供其他安全社区检索和利用。通过威胁情报的共享和交流,安全社区可以更好地了解网络安全威胁的来源和特征,提高网络安全防御的效率和准确性。

网络威胁情报命名实体识别技术在威胁情报共享中具有广泛的应用前景,

可以帮助安全社区更好地标注和分类威胁情报，以及更方便地共享和交流威胁情报。

2.5 本章小结

网络威胁情报作为一种网络安全领域的新兴研究热点，随着网络防御向积极主动防御方向发展，受到越来越多研究人员的关注。本章对开源威胁情报命名实体识别的研究进展进行了综述，阐述了网络威胁情报命名实体识别任务的基本流程方法、主流方法模型及其对比分析、面临的挑战，最后总结了网络威胁情报命名实体识别的应用，并对在该领域上的继续探索进行了展望。基于威胁情报命名实体识别技术建设多源数据驱动的威胁情报提取和分析平台，一方面，可以使具备情报生产能力，通过与外部情报进行融合关联、有机整合，形成多元化威胁情报库，具备与内外系统威胁共享能力；另一方面，通过将威胁情报分析及共享平台与已有的设备及系统联动，可以建立威胁情报的主动防御体系。事前，不仅可以借助APT等作战情报提前进行系统加固，还可以利用战术和战略情报判断威胁、预置防御策略、主动规避威胁；事中，机读情报能及时增强安全设备的检测和防御能力，同时结合威胁情报和持续监控，实时感知威胁发展态势、掌握攻击上下文，以便及时调整防御策略、快速响应；事后，威胁情报可以支撑对攻击行为和攻击者进行全面的追溯、取证和反制。准确且全面的威胁情报能够极大地扩展威胁防御的时空边界，逐步建立威胁预警、持续监控、态势感知、快速响应和全面溯源的全方位主动防御体系。

参 考 文 献

[1] MOUICHE I, SAAD S. Entity and relation extractions for threat intelligence knowledge graphs[J]. Computers & Security, 2025, 148: 104120.

[2] XU L J, ZHAO Z C, ZHAO D W, et al. AJSAGE: a intrusion detection

scheme based on Jump-Knowledge Connection To GraphSAGE[J]. Computers & Security,2025,150:104263.

[3] CASSEL D, WONG W T, JIA L M. NodeMedic: end-to-end analysis of node. js vulnerabilities with provenance graphs[C]//2023 IEEE 8th European Symposium on Security and Privacy (EuroS&P). IEEE, 2023: 1101-1127.

[4] WELTER F, WILKENS F, FISCHER M. Tell me more: black box explainability for APT detection on system provenance graphs[C]//ICC 2023-IEEE International Conference on Communications. IEEE, 2023: 3817-3823.

[5] NAKAMURA Y, KANJ I, MALIK T. Efficient differencing of system-level provenance graphs[C]//Proceedings of the 32nd ACM International Conference on Information and Knowledge Management. Birmingham United Kingdom. ACM, 2023: 4220-4223.

[6] ALAM M T, BHUSAL D, PARK Y, et al. Looking beyond IoCs: automatically extracting attack patterns from external CTI[C]// Proceedings of the 26th International Symposium on Research in Attacks, Intrusions and Defenses. ACM, 2023: 92-108.

[7] ZHAO J, SHETTY S, PAN J W, et al. Transfer learning for detecting unknown network attacks[J]. EURASIP Journal on Information Security, 2019, 2019(1): 1.

[8] TORRES J L G, CATANIA C A, VEAS E. Active learning approach to label network traffic datasets[J]. Journal of Information Security and Applications, 2019, 49: 102388.

[9] LI X D, KHAN L, ZAMANI M, et al. MCoM: a semi-supervised method forImbalanced tabular security data[C]// Data and Applications Security and Privacy XXXVI. Cham: Springer International Publishing, 2022: 48-67.

[10] 张红斌,尹彦,赵冬梅,等. 基于威胁情报的网络安全态势感知模型[J]. 通信学报,2021,42(6):182-194.

[11] 于忠坤,王俊峰,唐宾徽,等. 基于注意力机制和特征融合的网络威胁情报技战术分类研究[J]. 四川大学学报(自然科学版),2022,59(5):90-97.

[12] ZHENG R, WANG Q, LIN Z, et al. Cryptojacking malware hunting: a method based on ensemble learning of hierarchical threat intelligence feature[J]. Acta Electronica Sinica, 2022, 50(11): 2707-2715.

[13] BROMANDER S, SWIMMER M, MULLER L P, et al. Investigating sharing of cyber threat intelligence and proposinga new data model for enabling automation in knowledge representation and exchange[J]. Digital Threats: Research and Practice, 2022, 3(1): 1-22.

[14] HONNIBAL M, MONTANI I. spaCy 2: natural language understanding with Bloom embeddings, convolutional neural networks and incremental parsing[J]. To appear, 2017, 7(1): 411-420.

[15] REHAN M, MALIK M S I, JAMJOOM M M. Fine-tuning transformer models using transfer learning for multilingual threatening text identification[J]. IEEE Access, 2023, 11: 106503-106515.

[16] EBRAHIMI M, SAMTANI S, CHAI Y D, et al. Detecting cyber threats in non-English hacker forums: an adversarial cross-lingual knowledge transfer approach [C]//2020 IEEE Security and Privacy Workshops (SPW). San Francisco, CA, USA. IEEE, 2020: 20-26. [LinkOut]

[17] EBRAHIMI M, CHAI Y D, SAMTANI S, et al. Cross-lingual cybersecurity analytics in the international dark web with adversarial deep representation learning[J]. MIS Quarterly, 2022, 46(2): 1209-1226.

[18] BOUHAROUN M, TAGHDOUTI B, ERRADI M. A peer toPeer federated graph neural network forThreat intelligence[C]// Networked Systems. Cham: Springer Nature Switzerland, 2023: 35-40.

[19] WEI R Z, CAI L J, ZHAO L X, et al. DeepHunter: a graph neural network based approach for robust cyber threat hunting[C]// Security and Privacy in Communication Networks. Cham: Springer International Publishing, 2021: 3-24.

[20] HUANG Y H, SU M, XU Y T, et al. NER in cyber threat intelligence

domain using transformer with TSGL[J]. Journal of Circuits, Systems and Computers, 2023, 32(12): 2350201.

[21] SARHAN M, LAYEGHY S, MOUSTAFA N, et al. Cyber threat intelligence sharing scheme based on federated learning for network intrusion detection[J]. Journal of Network and Systems Management, 2022, 31(1): 3.

[22] JESUS V, BAINS B, CHANG V. Sharing is caring: hurdles and prospects of open, crowd-sourced cyber threat intelligence[J]. IEEE Transactions on Engineering Management, 2023, 71: 6854-6873.

[23] CHEN C M, HSU F H, HWANG J N. Useful cyber threat intelligence relation retrieval using transfer learning[C]//European Interdisciplinary Cybersecurity Conference. Stavanger Norway. ACM, 2023: 42-46.

[24] MARINHO R, HOLANDA R. Automated emerging cyber threat identification and profiling based on natural language processing[J]. IEEE Access, 2023, 11: 58915-58936.

第3章
威胁情报可信感知与智能分析研究现状

网络威胁情报的实时共享和使用是提高网络安全防护能力的有效手段,但客观存在的敌手攻击行为等严重影响了威胁情报的可信性。网络威胁情报的多源与可信感知任务,是威胁情报领域中诸多相关任务的基础,涉及威胁情报的收集、分析、应用等多个方面。本章将从以下三个方面对网络威胁情报的多源获取与可信感知的相关研究进展进行综述,包括威胁情报源的可信性评估、威胁情报内容本身的可信感知和威胁情报的挖掘。

3.1 威胁情报源的可信性评估

威胁情报来源种类繁多,情报共享平台作为网络威胁情报感知的关键途径之一,研究情报源的可信问题显得尤为重要。信任管理和计算系统在很多应用场景下能够帮助用户识别可信和可靠的服务提供商[1-5],威胁情报共享社区同样需要一定的机制来识别可信的情报源。威胁情报源种类繁多,文献[6]将社交媒体作为众包传感器用于网络威胁情报感知,即社交媒体用户作为威胁情报源。通常,信任度是对一个节点能够按照期望的方式进行行动的一种度量。近年来,学术界和工业界的研究者提出了很多新颖的方法对社交媒体中的信息源进行可信评估(又称信任评估、信任计算、信任推理)。例如,文献[7-12]帮助网络用户判断是否应当信任某个信息源。如表3-1所示,本节对现有的信源信任评估模型进行了对比分析。其中:第2~5列的IF、BF、RF和FF分别表示身份信任因子、行为信任因子、关系信任因子和反馈信任因子;符号"√"表示所在列模型考虑了所在行信任因子,符号

"×"表示没有考虑所在行信任因子;在信任模型 SybilSCAR 中,RW 表示随机游走(Random Walk,RW),LBP 表示循环信任传播(Loop Belief Propagation,LBP)。

根据所使用的评估方法,本节粗略地将现有的信任评估方法分为三类:基于行为的方法[7,13]、基于网络结构的方法[14-17]和混合的方法[8]。基于行为的方法从信源的历史行为(包括发布数量、发布频率等)中提取有价值的信息来评估信任度[13,18-19]。然而,基于行为的方法存在的一个局限性是难以克服敌手攻击,即恶意信源伪装成正常信源并按照期望的方法操作其特征进而规避特征检测。基于网络结构的方法,首先提取信源节点的网络结构信息,包括信源节点在网络中的入度、出度、关系强度等;然后利用社交图的全局结构和局部结构,揭示信任如何在社交图中传播[20]。

表 3-1 现有的信源信任模型的对比

模型	IF	BF	RF	FF	维度	计算模型	权重分配	自适应模型	信任值
TidalTrust[21]	×	×	√	×	1	线性	加权平均	×	离散值,1~10
Adali's Model[13]	×	√	×	×	1	线性	加权平均	×	连续值,[0,1]
Jia's Model[15]	×	×	√	×	1	线性	加权平均	×	连续值,[0,1]
SybilSCAR[16]	×	×	√	×	1	基于 RW 和 LBP	权重相等	×	连续值,[0,1]
SWTrust[22]	×	√	√	×	2	线性	加权平均	×	连续值,[0,1]
Pichon's Model[7]	√	√	×	×	2	Choquet integral	主观权重	×	连续值,[0,1]
Canini's Model[8]	√	√	√	×	3	线性	加权平均	×	连续值,[0,1]
Zhao's Model[9]	×	√	√	×	2	线性	主观权重	×	连续值,[0,1]
Info-Trust[23]	√	√	√	√	4	异构	自适应	√	连续值,[0,1]

混合的方法是指同时考虑信源节点的历史行为和节点的网络结构特征,从而评估信源的可信度。这些方法通常基于一个假设:尽管恶意信源可以任意控制恶意信源之间的连接关系,但是恶意信源很难操作正常信源与恶意信源之间的连接关系——因为它需要正常信源的主动操作行为。文献[17]基于有标签的恶意节点和正常节点的集合,设计了一个成对马尔可夫随机场模型,对所有节点的状态的联合概率分布进行建模。

反馈信任度,又常称为推荐信任度或者信誉,为社交网络中基于信誉的信任的构建提供了一种高效且有效的方式。大多数社交媒体系统可以提供额外的反馈信息。信任,作为社交关系中动态的且最复杂概念之一,应从全方位的角度考虑信任因子[24-25]。若忽略某个信任因子,如用户反馈因子,则很可能会导致出现不正确或不公平的信任决策。然而,面向社交媒体中信源可信评估的反馈分析却鲜有研究。文献[21]只考虑了信息源的网络关系,没有考虑其他信任因子。文献[8]综合考虑了用户的简介、发布的历史信息以及网络结构信息,提出了一种基于社交网络结构和话题影响力的混合方法来自动识别和排名社交网络中的可信的信息源。该研究结果表明了信息源的话题影响力和社交网络结构能够影响可信度的结构,但是该研究忽略了基于用户反馈的信任因子。文献[10]提出了COMPA系统来检测社交网络中被盗用的账号,即研究者使用了统计模型来分析用户行为并利用异常检测技术来识别突变行为。文献[26]提出了一些社会行为特征(例如,首次行为、行为序列、浏览偏好和访问时间段)来描述用户行为画像,并准确地反映了用户的在线社交网络活动模式,能够正确区分个体用户且能检测被盗用的账号。然而,文献[10]和文献[26]仅仅考虑了用户行为特征,没有考虑用户反馈信息和基于社会结构的信任因子。一个或多个信任因子的缺失,不仅导致信任模型不能很好地应对隐蔽的敌手攻击(例如,僵尸粉、URL缩短服务),还大大减弱了用户对信任评估结果的接受程度。在第3章所提模型中,用户提交的评论以及来自反馈模块的反馈信息将被收集和聚合,用于计算基于反馈的信任度。

文献[7]提出了一种通用的方法来评估信源可信度,使用Choquet积分组合了表达的丰富程度、用户的参与程度、主题的合法性等多个信任因子。尽管该方法是多属性方法,但其使用了主观的方式为各个信任因子分配权重。信任因子权重分配的自适应性的缺乏,阻碍了动态环境中准确信任决策的生成。文献[9]提出了一种面向话题的基于相似度的信任模型来评估Twitter用户的信任度。不同于传统的基于图的信任排名方法,该方法不仅可扩展,还能够利用文本的时空特征的异质上下文属性对tweet和用户进行信任度排名。然而,该模型中信任因子权重的主观人为性导致其在动态网络环境下具有不灵活性。在第3章所提模型中,用户提交的评论以及来自反馈模块的反馈信息将被收集和聚合,并通过自适应的权重分配算法计算基于反馈的信任度。

3.2 情报内容本身的可信感知

感知获得的情报数据具有异构性、海量性、分散性、实时性等特点。威胁情报数据的可靠性、有效性、安全性及稳定性成为威胁情报可信感知的研究难点。尽管最近几年国内外学者在威胁情报管理领域已有一些研究,但很少有研究者提出情报内容可信评估的具体方案。为详细了解现有相关研究,本节从以下两个方面展开了文献评述:①威胁情报共享和融合;②情报内容的可信感知。

3.2.1 威胁情报共享与融合

面对日益严峻的网络威胁形势,各个组织机构逐渐开始孤立地开展威胁情报采集工作。这不但让威胁情报获取成本更高,容易形成信息孤岛,而且严重限制了威胁情报在各个组织机构之间的流动互通,不利于形成健康、高效的威胁情报生态系统。网络威胁情报共享有利于威胁情报的利用最大化,能极大地提高威胁检测和应急响应等网络安全防护能力。威胁情报共享平台有多种存在形式,根据参与共享的组织形式的不同,可将共享模式分为系统内部共享、组织机构间共享、国际共享等。然而,现有的威胁情报共享存在以下两方面的不足:相互独立性不高和完整性不高。相互独立性不高一方面表现在现有威胁情报技术主要掌握在政府和企业内部,各国、各企业之间缺乏有效合作;另一方面表现在作用对象单一化,不适用于多场景多对象的情报获取。完整性不高表现在不能对全网状态信息进行集中分析。

现有的威胁情报共享和融合的相关研究因模式、机制、相关法规、情报标准、情报联盟的不同而不同。网络威胁情报交换生态系统是威胁情报自动共享的一种整体方法。学术界和工业界提出了各种各样的交换格式来促进威胁情报共享。例如,Danyliw[27]提出了事件对象描述和交换格式(Incident Object Description and Exchange Format,IODEF),为网络安全事件定义了一种数据表示方式并提供了一种共享框架。MITRE 公司提出的 STIX[28](Structured Threat Information eXpression,结构化威胁信息表述)和 TAXII[29](Trusted Automated eXchange of

Indicator Information，指示器可信自动交换）从多个角度描述网络威胁，如攻击中使用的漏洞信息。STIX 充分利用 CybOX（Cyber Observable eXpression，网络可观察对象描述）来描述网络攻击战中的观察对象（Observables）。并且，STIX 具有一定的兼容性和扩展性，如扩展到 OpenIoC（Open Indicators of Compromise）[30]和 CAPEC。主流的共享模式是 Hub and Spoke、Source/Subscriber 以及 Peer to Peer 模式。文献[31]提出了一种威胁情报共享平台，称为 MANTIS（Model-based Analysis of Threat Intelligence Sources），它提供了对各种情报描述标准的统一表示，并且通过一种新颖的、基于属性图的、与类型无关的相似度算法，把不同来源的威胁数据关联起来了。文献[32]提出了一种自动威胁情报融合框架，该框架分为五层，分别是数据收集层、分析层、控制层、数据层和应用层。

大数据环境下的威胁情报共享，即面对海量的、复杂的威胁情报，纯人力的速度已无法赶超海量数据的产生速度，自动化识别情报内容的可信度是情报分析处理中必不可少的重要技术。威胁情报图的构建能够跨平台、跨网络、跨时空整合情报库，发现情报之间的细微联系，辅助安全分析师做出正确的安全决策。

3.2.2 威胁情报内容的可信感知

根据计算机应急响应小组（Computer Emergency Response Team，CERT）以及多家机构的调查研究发现，威胁情报的可信性是影响情报共享的主要障碍[33-37]。然而，目前关于威胁情报内容的可信研究较少，但对于信息的可信研究较为成熟。一些研究者基于链接分析原理研究信息源质量和信息可信度之间的关系。文献[38]提出的 TruthFinder 算法从多信息源提供的相互冲突的信息中发现真实信息。该算法通过迭代修正参数计算信息源和信息的可信度。文献[39]研究了信息源之间的依赖关系对信息源可信度的影响。

网络威胁情报可信度的影响因素具有多元性，而情报源可信度是情报可信度的主要影响因素。另外，由于可信度评估受到网络威胁的动态性、可信度层次和类型众多等诸多因素的影响，情报可信度评估存在不确定性。一般地，威胁情报的可信性包括情报相关性、情报时效性、情报完整性、情报准确性、情报相似性、情报一致性等多个维度。①情报相关性，指的是同一条威胁情报对不同行业、不同组织机构的相关度不尽相同，且相关度越高，情报可信度越高；②情报时效性，指的是威胁情报在一段时间内对于决策具有价值的属性,对不同的攻击手段、攻击能力,时效性有所差别;③情报完整性,指的是情报对安全事件的描述完整度,包括观察到的行为、行动过程、攻击者的动机、攻击者利用的漏洞、攻击战术技术和过程等;④情报准确性,可通过安全事件报告中的语法错误数量、排版格式等侧面反映;⑤情报相似性,相似的情报具有相似的可信度;⑥情报一致性,多个情报源对同一情报描述的一致程度越高,情报越可信。另外,不同类别的威胁情报受各因子影响的程度不尽相同,如何对不同类别的情报进行不同标准的可信度评估,以及如何自适应地分配权重来评估情报可信度是本章的主要研究内容之一。

文献[40]针对通用数据质量,从数据自身特征、表示特征、上下文特征以及访问特征共四个维度,提出了18个数据质量评估指标。然而,该研究缺乏对威胁情报数据的独特性的考虑,不能直接用于威胁情报数据。文献[41]提出了一种基于深度信念网络和多维度可信特征的情报可信判别算法,从多源一致性验证、情报的时效性等方面对可信度进行评估。文献[42]提出了一种基于层次分析法的威胁情报质量评估方法,针对当前威胁情报源数据质量不一,分析能力各异,维护水平不同的情况,从情报数据特性、情报平台特性和情报经济特性三个方面构建了定量可执行的威胁情报质量评估方法。其中,情报数据特性方面考虑了威胁情报数量、种类、及时性和可执行性,情报平台特性方面考虑了接口类型、可制定性、历史信誉、服务资质和历史漏报率,情报经济特性方面考虑了服务的价格和付款方式的便捷性。

文献[33]组织了威胁情报共享实践中的数据质量问题研讨会,邀请了十位来自全球安全操作中心的专业的利益相关者。他们发现,不同威胁情报源的整合放大了现有的数据质量问题,大多数利益相关者期望共享平台提供者扮演着可信第三方的角色——确保不同来源的情报可以合理整合,从而缓解数据质量问题。然而,大多数现有的威胁情报共享和融合机制基于一个隐式的假设:威胁情报的来源是可靠的并且其收集的情报是可信的。文献[43]对威胁情报共享平台进行了探索性研究,他们发现信任问题是用户和平台提供者之间的重要问题,但常常被忽视。文献[44]探讨了威胁情报共享社区中影响合作共享的障碍,发现障碍之一是保护信源隐私和验证并相信威胁信息(尤其是在情报来源未知的情况下)之间的矛盾。文献[34]提出了一种基于信任和匿名的共享策略,用于防止参与共享的组织机构的商业数据泄露,并指出了威胁信息的标准表示能够提高威胁情报的质量。

3.3 威胁情报的智能分析

3.3.1 威胁情报建模

为促进网络威胁情报的共享和利用,需要提供规范统一的、高效的情报共享方法和机制。美国国家标准与技术研究院(NIST)对网络威胁情报共享的架构模式、建议的共享流程和典型的共享信息等多个方面进行了规范。另外,为了实现可机读威胁情报的交换共享,一些威胁情报格式标准被企业和组织广泛使用。例如,STIX——基于 XML 语法的用于交换威胁情报具体内容的语言和序列化格式,TAXII——用于传输网络威胁信息的应用层协议,CybOX——对计算机可观察对象、网络动态和实体进行表征的标准化语言,事件对象描述和交换格式 IODEF、OpenIOC。为了提取和整合基础设施节点之间的高阶语义,很有必要从计算的角度对威胁情报进行建模。目前主流的威胁情报共享平台的做法是在 STIX 规范框架下,使用 CybOX 提供的词汇描述威胁情报,并利用 TAXII 进行传输。

基于多个情报源(如 IBM X-Force Exchange[45]、FireEye[46]、Symantec[47])的威胁情报建模将有利于发现各种网络攻击事件的关联关系,促进网络攻击的分析,并获得攻击链[48]中钻石模型[49]的完整视图。例如:如果恶意软件数据库结合 IP 和 DNS 注册信息,那么恶意软件数据库数据将更有用;如果结合恶意软件数据库信息,那么 IP 和 DNS 黑名单数据将更有用。类似地,漏洞数据库的数据可以和利用漏洞的恶意软件数据关联起来,反之亦然。文献[32]提出了一种自动化的威胁情报融合框架,它考虑了多种威胁情报源并将孤立的网络事件关联起来。文献[31]提出的 MANTIS 是一个威胁情报平台,它提供了多种情报标准的统一表示,并且通过一种新颖的、与类型无关的、基于属性图的相似度算法将不同来源的威胁数据关联起来。然而,这个相似度算法只考虑了任意两个节点的指纹(Hash 值)相似度,而没有考虑高阶语义(不同类型节点之间的关系)。文献[50]提出了一种方法来探索网络威胁,它考虑了数十种节点。然而,它并没有考虑基础设施节点之间的高阶语义。

研究者提出了一些从非结构化威胁情报文本(如 tweets 文本、网络安全技术博客、安全论坛文本)中自动提取节点和关系的方法[51-52]。文献[51]提出了一种从网络安全技术博客的自然语言中自动提取攻击指示器(IoC)的方法。该方法将该问题转换为图相似度问题,如果被检测数据和训练集数据有相似的图结构,那么就判定被检测数据是一个 IoC。然而,识别出的 IoC 在网络攻击中会不断发生变化,这使对不同阶段的网络攻击的分析变得困难。文献[52]提出了 TTPDrill,它利用信息检索技术和自然语言处理技术从非结构化威胁情报文本中提取威胁行为(Threat Actions)。然而,本章对非结构化文本中提取节点和节点关系不进行研究,而是直接利用提取结果,即利用现有的节点和节点关系。在本章中,威胁情报中涉及的威胁基础设施节点及其关系以异质信息网络(Heterogeneous Information Network,HIN)的方式进行表示,并且提出了一种基于元路径和元图的算法用于计算节点之间的相似度。

3.3.2 基于图的威胁类型识别

基于图的威胁识别是网络安全和数据挖掘的一个重要研究方向,它描述了基础设施节点之间的交互并且可以识别具有影响力的节点和节点集合。通过利用节点之间的关联信息,基于图的方法揭示了节点之间的潜在关系,这增大了攻击者规避检测的难度,因为制造网络攻击不可避免地会发生很多节点之间的通信,即在图中表现为会产生大量连接关系[53]。

近年来,网络安全领域有大量新颖的基于图的威胁识别方法。然而,大多数现有研究严重依赖同质信息网络,只能进行简单的关联分析。文献[54]利用图推理和自适应的信念传播来识别恶意域名。然而,只构建主机和域名之间的关系图,而忽视 IP 和域名之间的关系以及其他关系将严重影响识别的准确率。文献[55]提出了一种基于极限机器学习的恶意域名识别方法,该方法考虑了域名的基于结构的特征、基于 IP 的特征、基于 TTL 的特征和基于 Whois 的特征。然而,该方法没有考虑不同类型节点之间的关系,这将严重削弱模型的识别能力。一些学者提出了网络安全知识图本体模型[56]来描述网络实体之间的丰富关系。文献[57]提出的 CyGraph 产生的知识图刻画了网络安全领域实体之间的复杂关系。文献[58]提出了一种面向网络安全的知识图谱构建方法,机器学习算法被用于提取实体。

然而,网络安全知识图谱难以构建并且难以使用。文献[59]提出了一种基于图挖掘的多维度的异质威胁情报信任评估机制。在近期研究中,我们进一步分析了节点之间的高阶关系,提出了语义丰富的威胁情报异质信息网络,且该网络容易构建,容易使用。

主题模型(Topic Modeling)技术,如 LDA(Latent Dirichlet Allocation)主题模型,被广泛用于自动识别大规模意图未知的源代码的主题[60-62]。文献[60]提出了 AZSecure Hacker Assets Portal,它利用 LDA 模型识别在线黑客论坛上的源代码的主题;文献[63]利用主题模型分析黑客社区源代码,并探索潜在的黑客资产和重要黑客,生成相应的威胁情报数据。由于本研究只考虑结构化的威胁情报数据,基于主题模型的方法不适用于本研究。从文本数据中提取结构化数据已有广泛研究[51-52]。在威胁识别中,日志分析技术被广泛使用,如分析 DNS 日志数据以检测恶意域名[64-65],分析系统审计日志以发现攻击入口点[52]。文献[66]提出了 Beehive,它对大规模日志进行分析以发现企业网络中的可疑行为。文献[67]提出了 HERCULE,它对来自多个系统的日志数据进行社区发现,用于重构一个完整的、直观的、易于理解的攻击流程。第 5 章主要研究目的是对威胁情报数据进行挖掘,以期发现未知威胁类型的基础设施节点的威胁类型,以及不同于现有的基于日志分析的异常检测问题。

3.3.3 基于网络表示学习的威胁类型识别

网络表示学习(Network Representation Learning),即网络嵌入(Network Embedding),其目的是学习网络中节点的低维潜在表示,保护网络结构和属性。其所学到的特征可以被机器学习技术使用。近年来,研究者们提出了很多有效的网络表示学习方法,用于同质网络的表述学习问题,如 DeepWalk[68]、Line[69]、Node2Vec[70]。相比已被广泛研究的同质信息网络,异质信息网络因其异质属性(即包括多种类型的节点或者多种类型的关系)很难直接将同质信息网络的表示学习用于异质信息网络的表示学习。为解决该挑战,文献[71]提出了 Metapath2Vec,即设计了一种基于元路径的随机游走,并利用 skip-gram 来执行异质图嵌入。然而,Metapath2Vec 只可以利用一条元路径,这使得它忽略了很多有用的信息。文献[72]提出了 HIN2Vec,旨在探索异质信息网络中的元路径,以用于表示学习。图神经网络(Graph Neural Network,GNN)[73-74]的提出旨在用于扩展深度神经网络,处理任意的图结构数据。图注意力网络(Graph Attention Network,GAT)[75]的提出旨在用于学习节点的重要性,并将节点的邻居信息用于节点分类。文献[76]提出了异质图注意力图(Heterogeneous graph Attention Network,HAN),旨在处理异质图,同时考虑了节点级和语义级的注意力。相比网络表示学习在论文引用网络(作者节点和论文节点的分类与聚类问题)[71,77-78]、推荐系统[79]等领域的应用,它在网络安全领域的研究才刚刚起步[80-84]。

参 考 文 献

[1] LI X Y, ZHOU F, DU J P. LDTS: a lightweight and dependable trust system for clustered wireless sensor networks[J]. IEEE Transactions on Information Forensics and Security, 2013, 8(6): 924-935.

[2] YANG Y, CHENG M, DING Y Q, et al. A visually meaningful image encryption scheme based on lossless compression SPIHT coding[J]. IEEE Transactions on Services Computing, 2023, 16(4): 2387-2401.

[3] GUO B B, PING P, ZHOU S Q, et al. AISM: an adaptable image steganography model with user customization[J]. IEEE Transactions on Services Computing, 2024, 17(5): 1955-1968.

[4] LI X Y, MA H D, YAO W B, et al. Data-driven and feedback-enhanced trust computing pattern for large-scale multi-cloud collaborative services [J]. IEEE Transactions on Services Computing, 2018, 11(4): 671-684.

[5] FANG B, JIA Y, LI X, et al. Big Search in Cyberspace[J]. IEEE Transactions on Knowledge and Data engineering, 2017, 29(9): 1793-1805.

[6] KHANDPUR R P, JI T R, JAN S, et al. Crowdsourcing cybersecurity: cyber attack detection using social media[C]//Proceedings of the 2017 ACM on Conference on Information and Knowledge Management. Singapore Singapore. ACM, 2017: 1049-1057.

[7] PICHON F, LABREUCHE C, DUQUEROIE B, et al. Multidimensional approach to reliability evaluation of information sources[J]. Information Evaluation. 2014：129-159.

[8] CANINI K R, SUH B, PIROLLI P L. Finding credible information sources in social networks based on content and social structure[C]//2011 IEEE Third International Conference on Privacy, Security, Risk and Trust and 2011 IEEE Third International Conference on Social Computing. IEEE, 2011：1-8.

[9] ZHAO L, HUA T, LU C T, et al. A topic-focused trust model for Twitter [J]. Computer Communications, 2016, 76：1-11.

[10] EGELE M, STRINGHINI G, KRUEGEL C, et al. Towards detecting compromised accounts on social networks[J]. IEEE Transactions on Dependable and Secure Computing, 2017, 14(4)：447-460.

[11] ADEWOLE K S, ANUAR N B, KAMSIN A, et al. Malicious accounts：dark of the social networks[J]. Journal of Network and Computer Applications, 2017, 79：41-67.

[12] WANG Z X, DONG W X, ZHANG W Y, et al. Rooting our rumor sources in online social networks：the value of diversity from multiple observations[J]. IEEE Journal of Selected Topics in Signal Processing, 2015, 9(4)：663-677.

[13] ADALI S, ESCRIVA R, GOLDBERG M K, et al. Measuring behavioral trust in social networks[C]//2010 IEEE International Conference on Intelligence and Security Informatics. Vancouver, BC, Canada. IEEE, 2010：150-152.

[14] JIANG W J, WU J, LI F, et al. Trust evaluation in online social networks using generalized network flow[J]. IEEE Transactions on Computers, 2016, 65(3)：952-963.

[15] JIA J Y, WANG B H, GONG N Z. Random walk based fake account detection in online social networks[C]//2017 47th Annual IEEE/IFIP International Conference on Dependable Systems and Networks (DSN).

IEEE, 2017: 273-284.

[16] WANG B H, ZHANG L, GONG N Z. SybilSCAR: Sybil detection in online social networks via local rule based propagation[C]//IEEE INFOCOM 2017-IEEE Conference on Computer Communications. IEEE, 2017: 1-9.

[17] WANG B H, GONG N Z, FU H. GANG: detecting fraudulent users in online social networks via guilt-by-association on directed graphs[C]// 2017 IEEE International Conference on Data Mining (ICDM). IEEE, 2017: 465-474.

[18] YANG Z, WILSON C, WANG X, et al. Uncovering social network sybils in the wild[J]. ACM Transactions on Knowledge Discovery From Data, 2014, 8(1): 2.

[19] CAO Q, YANG X W, YU J Q, et al. Uncovering large groups of active malicious accounts in online social networks[C]//Proceedings of the 2014 ACM SIGSAC Conference on Computer and Communications Security. Scottsdale Arizona USA. ACM, 2014: 477-488.

[20] ZHANG Y, CHEN H J, WU Z H. A social network-based trust model for the semantic web[C]//Proceedings of the International Conference on Autonomic and Trusted Computing. 2006: 183-192.

[21] GOLBECK J A. Computing and applying trust in Web-based social networks[M]. University of Maryland, College Park, MD, USA: University of Maryland, 2005.

[22] JIANG W, WANG G, WU J. Generating trusted graphs for trust evaluation in online social networks[J]. Future Generation Computer Systems, 2014, 31: 48-58.

[23] GAO Y L, LI X Y, LI J R, et al. Info-trust: a multi-criteria and adaptive trustworthiness calculation mechanism for information sources[J]. IEEE Access, 2019, 7: 13999-14012.

[24] LI X Y, ZHOU F, YANG X D. A multi-dimensional trust evaluation model for large-scale P2P computing[J]. Journal of Parallel and Distributed Computing,

2011, 71(6): 837-847.

[25] LI X Y, MA H D, ZHOU F, et al. T-broker: a trust-aware service brokering scheme for multiple cloud collaborative services[J]. IEEE Transactions on Information Forensics and Security, 2015, 10(7): 1402-1415.

[26] RUAN X, WU Z Y, WANG H N, et al. Profiling online social behaviors for compromised account detection[J]. IEEE Transactions on Information Forensics and Security, 2016, 11(1): 176-187.

[27] DANYLIW R, MEIJER J, DEMCHENKO Y. The incident object description exchange format[J]. RFC, 2007, 5070: 1-92.

[28] BARNUM S. Standardizing cyber threat intelligence information with the structured threat information expression (STIX)[M]. MITRE Corporation, 2012: 1-22.

[29] CONNOLLY J, DAVIDSON M, SCHMIDT C. The trusted automated exchange of indicator information (TAXII)[M]. The MITRE Corporation, 2014.

[30] MANDIANT. Sophisticated indicators for the modern threat landscape: an introduction to OpenIOC[R]. Mandiant Whitepaper, 2013.

[31] GASCON H, GROBAUER B, SCHRECK T, et al. Mining attributed graphs for threat intelligence[C]//Proceedings of the Seventh ACM on Conference on Data and Application Security and Privacy. Scottsdale Arizona USA. ACM, 2017: 15-22.

[32] MODI A, SUN Z, PANWAR A, et al. Towards automated threat intelligence fusion[C]//Proceedings of the 2nd IEEE International Conference on Collaboration and Internet Computing. 2016: 408-416.

[33] SILLABER C, SAUERWEIN C, MUSSMANN A, et al. Data quality challenges and future research directions in threat intelligence sharing practice[C]//Proceedings of the 2016 ACM on Workshop on Information Sharing and Collaborative Security. Vienna Austria. ACM, 2016: 65-70.

[34] TOUNSI W, RAIS H. A survey on technical threat intelligence in the age of sophisticated cyber attacks[J]. Computers & Security, 2018, 72: 212-233.

[35] PonemonInstitute. The second annual study on exchanging cyber threat intelligence: There has to be a better way[R]. Ponemon Institute research report, 2015.

[36] ENISA. Detect, share, protect-solutions for improving threat data exchange among CERTs[R]. European Union Agency for Network and Information Security, 2013.

[37] RING T. Threat intelligence: why people don't share[J]. Computer Fraud & Security, 2014, 2014(3): 5-9.

[38] JI H, DENG H B, HAN J W. Uncertainty reduction for knowledge discovery and information extraction on the world wide web[J]. Proceedings of the IEEE, 2012, 100(9): 2658-2674.

[39] DONG X L, BERTI-EQUILLE L, SRIVASTAVA D. Truth discovery and copying detection in a dynamic world[J]. Proceedings of the VLDB Endowment, 2009, 2(1): 562-573.

[40] WANG R Y, STRONG D M. Beyond accuracy: what data quality means to data consumers[J]. Journal of Management Information Systems, 1996, 12(4): 5-33.

[41] LI L, LI X Y, GAO Y L. MTIV: a trustworthiness determination approach for threat intelligence[C]// Security, Privacy, and Anonymity in Computation, Communication, and Storage. Cham: Springer International Publishing, 2017: 5-14.

[42] 周劭文, 徐佳俊. 基于层次分析法的威胁情报质量评估方法[C]//2018 第七届全国安全等级保护技术大会论文集. 西安, 2018: 45-49.

[43] Sauerwein C, Sillaber C, Mussmann A, et al. Threat intelligence sharing platforms: an exploratory study of software vendors and research perspectives[C]//Proceedings of the 13th International Conference on Wirtschaftsinformatik. 2017: 837-851.

[44] MURDOCH S, LEAVER N. Anonymity vs. trust in cyber-security collaboration[C]//Proceedings of the 2nd ACM Workshop on Information Sharing and Collaborative Security. Denver Colorado USA. ACM, 2015:

27-29.

[45] IBM. IBM X-force exchange API documentation[R]. https://api.xforce.ibmcloud.com/doc.

[46] FIREEYE. Threat intelligence: against cyber threats, knowledge is power[R]. https://www.fireeye.com/solutions/cyber-threat-intelligence.html.

[47] SYMANTEC. cyber security services - deepsight intelligence. https://www.symantec.com/services/cyber-security-services/deepsight-intelligence.

[48] YADAV T, RAO A M. Technical aspects of cyber kill chain[C]// Security in Computing and Communications. Cham: Springer International Publishing, 2015: 438-452.

[49] CALTAGIRONE S, PENDERGAST A, BETZ C. The diamond model of intrusion analysis[R]. Center for Cyber Intelligence Analysis and Threat Research Hanover Md, 2013.

[50] BOUKHTOUTA A, MOUHEB D, DEBBABI M, et al. Graph-theoretic characterization of cyber-threat infrastructures[J]. Digital Investigation, 2015, 14: S3-S15.

[51] LIAO X J, YUAN K, WANG X F, et al. Acing the IOC game: toward automatic discovery and analysis of open-source cyber threat intelligence [C]//Proceedings of the 2016 ACM SIGSAC Conference on Computer and Communications Security. Vienna Austria. ACM, 2016: 755-766.

[52] HUSARI G, AL-SHAER E, AHMED M, et al. TTPDrill: automatic and accurate extraction of threat actions from unstructured text of CTI sources [C]//Proceedings of the 33rd Annual Computer Security Applications Conference. Orlando FL USA. ACM, 2017: 103-115.

[53] HOOI B, SONG H A, BEUTEL A, et al. FRAUDAR: bounding graph fraud in the face of camouflage[C]//Proceedings of the 22nd ACM SIGKDD International Conference on Knowledge Discovery and Data Mining. San Francisco California USA. ACM, 2016: 895-904.

[54] MANADHATA P, YADAV S, RAO P, et al. Detecting malicious domains via graph inference[C]//Proceedings of the European Symposium

on Research in Computer Security. Springer, 2014: 1-18.

[55] SHI Y, CHEN G, LI J T. Malicious domain Name detection based on extreme machine learning[J]. Neural Processing Letters, 2018, 48(3): 1347-1357.

[56] IANNACONE M D, BOHN S, NAKAMURA G, et al. Developing an ontology for cyber security knowledge graphs[C]//Proceedings of the 10th Annual Cyber and Information Security Research Conference (CISR). ACM International Conference Proceedings Series, 2015: 12.

[57] NOEL S, HARLEY E, TAM K H, et al. CyGraph: graph-based analytics and visualization for cybersecurity[C]//Handbook of Statistics. Edited by Gudivada V, Raghavan V, Govindaraju V, et al. Amsterdam: Elsevier, 2016: 117-167.

[58] JIA Y, QI Y L, SHANG H J, et al. A practical approach to constructing a knowledge graph for cybersecurity[J]. Engineering, 2018, 4(1): 53-60.

[59] GAO Y L, LI X Y, LI J R, et al. Graph mining-based trust evaluation mechanism with multidimensional features for large-scale heterogeneous threat intelligence[C]//2018 IEEE International Conference on Big Data (Big Data). IEEE, 2018: 1272-1277.

[60] SAMTANI S, CHINN K, LARSON C, et al. AZSecure Hacker Assets Portal: Cyber threat intelligence and malware analysis[C]//2016 IEEE Conference on Intelligence and Security Informatics (ISI). IEEE, 2016: 19-24.

[61] CHEN T H, THOMAS S W, HASSAN A E. A survey on the use of topic models when mining software repositories[J]. Empirical Software Engineering, 2016, 21(5): 1843-1919.

[62] AZARBONYAD H, DEHGHANI M, KENTER T, et al. HiTR: hierarchical topic model re-estimation for measuring topical diversity of documents[J]. IEEE Transactions on Knowledge and Data Engineering, 2019, 31(11): 2124-2137.

[63] SAMTANI S, CHINN R, CHEN H, et al. Exploring emerging hacker

assets and key hackers for proactive cyber threat intelligence[J]. Journal of Management Information Systems, 2017, 34(4): 1023-1053.

[64] ANTONAKAKIS M, PERDISCI R, LEE W, et al. Detecting Malware Domains at the Upper DNS Hierarchy[C]//Proceedings of the 20th USENIX Conference on Security. 2011: 1-16.

[65] ANTONAKAKIS M, PERDISCI R, NADJI Y, et al. From throw-away traffic to bots: detecting the rise of DGA-based malware[C]//Proceedings of the 21st USENIX Security Symposium. 2012: 491-506.

[66] YEN T F, OPREA A, ONARLIOGLU K, et al. Beehive: large-scale log analysis for detecting suspicious activity in enterprise networks[C]//Proceedings of the 29th Annual Computer Security Applications Conference. New Orleans Louisiana USA. ACM, 2013: 199-208.

[67] PEI K X, GU Z S, SALTAFORMAGGIO B, et al. HERCULE: attack story reconstruction via community discovery on correlated log graph[C]//Proceedings of the 32nd Annual Conference on Computer Security Applications. Los Angeles California USA. ACM, 2016: 583-595.

[68] PEROZZI B, AL-RFOU R, SKIENA S. DeepWalk: online learning of social representations[C]//Proceedings of the 20th ACM SIGKDD International Conference on Knowledge Discovery and Data Mining. New York New York USA. ACM, 2014: 701-710.

[69] TANG J, QU M, WANG M Z, et al. LINE: large-scale information network embedding[C]//Proceedings of the 24th International Conference on World Wide Web. Florence Italy. International World Wide Web Conferences Steering Committee, 2015: 1067-1077.

[70] GROVER A, LESKOVEC J. node2vec: scalable feature learning for networks[C]//Proceedings of the 22nd ACM SIGKDD International Conference on Knowledge Discovery and Data Mining. San Francisco California USA. ACM, 2016: 855-864.

[71] DONG Y X, CHAWLA N V, SWAMI A. metapath2vec: scalable representation learning for heterogeneous networks[C]//Proceedings of

the 23rd ACM SIGKDD International Conference on Knowledge Discovery and Data Mining. Halifax NS Canada. ACM, 2017: 135-144.

[72] FU T-Y, LEE W C, LEI Z. HIN2Vec: explore meta-paths in heterogeneous information networks for representation learning[C]// Proceedings of the 2017 ACM on Conference on Information and Knowledge Management. Singapore Singapore. ACM, 2017: 1797-1806.

[73] GORI M, MONFARDINI G, SCARSELLI F. A new model for learning in graph domains[C]//Proceedings of 2005 IEEE International Joint Conference on Neural Networks, 2005. IEEE, 2005: 729-734.

[74] SCARSELLI F, GORI M, TSOI A C, et al. The graph neural network model[J]. IEEE Transactions on Neural Networks, 2009, 20(1): 61-80.

[75] VELIČKOVIĆ P, CUCURULL G, CASANOVA A, et al. Graph attention networks[C]//Proceedings of the 6th International Conference on Learning Representations. 2018.

[76] WANG X, JI H, SHI C, et al. Heterogeneous graph attention network [C]//Proceedings of the 26th International Conference on World Wide Web. International World Wide Web Conferences Steering Committee, 2019.

[77] KONG X N, YU P S, DING Y, et al. Meta path-based collective classification in heterogeneous information networks[C]//Proceedings of the 21st ACM International Conference on Information and Knowledge Management. Maui Hawaii USA. ACM, 2012: 1567-1571.

[78] SUN Y Z, HAN J W, AGGARWAL C C, et al. When will it happen?: relationship prediction in heterogeneous information networks[C]// Proceedings of the Fifth ACM International Conference on Web Search and Data Mining. Seattle Washington USA. ACM, 2012: 663-672.

[79] HU B B, SHI C, ZHAO W X, et al. Leveraging meta-path based context for top-N recommendation with A neural co-attention model[C]// Proceedings of the 24th ACM SIGKDD International Conference on Knowledge Discovery & Data Mining. London United Kingdom. ACM,

2018: 1531-1540.

[80] HOU S F, YE Y F, SONG Y Q, et al. HinDroid: an intelligent Android malware detection system based on structured heterogeneous information network[C]//Proceedings of the 23rd ACM SIGKDD International Conference on Knowledge Discovery and Data Mining. Halifax NS Canada. ACM, 2017: 1507-1515.

[81] FAN Y J, HOU S F, ZHANG Y M, et al. Gotcha-sly malware!: scorpion A Metagraph2vec based malware detection system[C]//Proceedings of the 24th ACM SIGKDD International Conference on Knowledge Discovery & Data Mining. London United Kingdom. ACM, 2018: 253-262.

[82] CHEN Y H, LIN S C, HUANG S C, et al. Guided malware sample analysis based on graph neural networks[J]. IEEE Transactions on Information Forensics and Security, 2023, 18: 4128-4143.

[83] LI W Y, TANG H L, ZHU H L, et al. TS-Mal: Malware detection model using temporal and structural features learning[J]. Computers & Security, 2024, 140: 103752.

[84] LIU C, LI B, LIU X D, et al. Evolving malware detection through instant dynamic graph inverse reinforcement learning[J]. Knowledge-Based Systems, 2024, 299: 111991.

第 4 章
多维度威胁情报源可信性评估方法

4.1 引 言

随着移动终端和移动互联网的发展,很多安全公司和组织机构在威胁情报共享社区/社交媒体上发布威胁情报。威胁情报共享社区因其用户多、传播速度快、成本低等特点,在分享和传播用户生成内容方面越来越受欢迎,成为威胁情报共享的主流形式之一。然而,威胁情报共享社区的开放性以及情报源的匿名性使得情报社区中充斥着大量的虚假情报源。不可信的情报源甚至是恶意的情报源散布虚假情报、没有经过验证的声明、欺诈性或者虚假的评论,发起地下非法活动等严重影响了社区中威胁情报源之间的情报共享和利用。因此,如何对威胁情报共享社区中的情报源进行可信感知成为当前威胁情报发展中迫切需要解决的问题之一[1]。信任计算机制是各种应用中促进决策制定的有效工具。由于情报社区以及信任概念本身的复杂性,量化情报共享中的信任是一个复杂而重要的问题[2-4]。在社会计算、网络安全、数据挖掘等领域中,研究者对信息源的信任评估问题已展开了广泛的研究,提出了一系列的新方法和新模型[5-12]。其中一些很具有创新性和有效性,但大多数的方法和模型中仍面临以下两个问题。

首先,现有研究对情报源的信任评估因子考虑不足[13]。信任作为威胁情报共享社区中最复杂的概念之一,具有多标准属性。但是,现有的研究大多较少关注信任属性,没有很好地考虑社会计算中信任关系的复杂性。从情报消费者的角度来看,信任是对情报质量保证的完整度量,信任管理系统应包含多维度的信任因子。

正如现实生活中,对于某个情报源,人们总会从多个不同的角度考察它的可信度。通常,人们会考察情报源的基本特征——情报源是谁(who is he/she),发布的历史情报——情报源发布了什么(what did he/she post),情报源的社会关系/网络结构——情报源的网络关系如何(how about his/her network relation),用户反馈——用户对情报源的反馈如何(how about user feedback),从而对情报源的信任度进行多角度的评估。该方法也强调了从单一方面得到的信息很可能包含噪声,但组合多个角度的信息能够提高信任评估的准确性。现有研究常常忽略了基于反馈的信任因子或者基于身份的信任因子,这将导致信任评估的不准确性。

其次,现有的许多机制在信任融合中使用了主观方法或者加权平均方法对信任因子进行赋予权重,但这种缺乏自适应性的权重分配方法会影响信任评估的准确性。文献[8]定义信任值为 $R(D)=\lambda_1 R_1(D)+\lambda_2 R_2(D)+\lambda_3 R_3(D)+\lambda_4 R_4(D)$,其中 $\lambda_1,\lambda_2,\lambda_3,\lambda_4$ 分别是四个信任因子的权重且满足 $\lambda_1+\lambda_2+\lambda_3+\lambda_4=1$,但研究者只给出了默认权重,即 $\lambda_1=\lambda_2=\lambda_3=\lambda_4=0.25$。文献[6]提出了一种基于加权和的多维度信任评估机制,但并未对权重进行清晰的定义。因此,这些机制在赋予信任因子权重的过程中缺少自适应性。

本章针对以上两个问题进行研究,主要内容包括基于现有的信任评估工作[8-9,14-16]及人类认知行为,提出了一种多维度威胁情报源可信性评估方法,并将之称为 Info-Trust[36]。该方法融合了多个信任指标来反映信任的复杂性和不确定性,包括情报源身份信息、情报源发布的历史情报数据、情报源的社交网络结构和用户反馈信息。这些信任指标的权重由有序加权平均——加权移动平均(Ordered Weighted Averaging-Weighted Moving Average,OWA-WMA)组合算法动态分配[17-20],这缓解了现有方法带有人为指定权重的主观性这一问题。基于真实数据集的仿真实验结果验证了所提机制在信任评估中的准确性和自适应性。

4.2 系统模型与问题描述

问题定义 情报源可信度的评估问题。定义一个有向图 $G\in\langle S,E\rangle$,其中 $E\subseteq S\times S, s_i\in S, e_{ij}\in E$,符号 S 表示情报源集合,符号 E 表示情报源之间连接边的集合,节点 s_i 表示一个情报源,边 e_{ij} 表示情报源 s_i 关注了情报源 s_j。$M(s_i)$ 表示情

| 第 4 章 | 多维度威胁情报源可信性评估方法

源 s_i 发布的情报集合。信任评估方法和模型是信任管理中的重要技术。在介绍信任计算机制之前本节先给出信任相关的几个定义。

定义 4.1(情报源的信任度) 一个情报源 s_i 的信任度记为 T_i,是情报源 s_i 被认为能够提供接近事实的情报程度的一个度量。

定义 4.2(信任度的值域) 一个情报源的可信度被表示为 0~1 之间的一个实数,1 表示完全信任,0 表示完全不信任,即信任度的值域为 [0,1]。

在详细介绍本章所提出的情报源可信性评估方法模型 Info-Trust 之前,本节首先给出它的系统架构。如图 4-1 所示,Info-Trust 包含两个主要模块:信任证据获取模块和多维度的信任计算模块。情报源的身份信息,如注册时长等,被提取用于计算基于身份的信任因子;通过基于 API 的实时监控,情报源发布的历史情报数据被收集起来,并作为直接信任的重要证据,用于计算基于行为的信任因子;情报源的社交网络结构被用于评估基于关系的信任因子;用户反馈信息,如情报的评论消息以及威胁情报共享社区反馈系统收集的反馈信息等,被用于计算基于反馈的信任因子。情报源 s_i 的总体信任度记作 T_i,涉及四个信任因子:身份因子(Identify Factor, IF)、行为因子(Behavior Factor, BF)、关系因子(Relation Factor, RF)、反馈因子(Feedback Factor, FF)。它们通过 OWA-WMA 组合算法融合计算得出。因此,情报源 s_i 的信任度可以用以下向量表示:

$$D = (T_i^I, T_i^B, T_i^R, T_i^F) \tag{4-1}$$

其中,T_i^I 表示基于身份信息评估情报源 s_i 的信任度,T_i^B 表示基于历史发帖行为(尤其是情报源发布的虚假情报的社会影响力)评估情报源 s_i 的信任度,T_i^R 表示基于情报源的社会关系评估情报源的可信度,T_i^F 表示基于用户反馈信息的反馈信任。简言之,信任评估向量包含四个互补的信任因子,即身份信任因子 T_i^I,行为信任因子 T_i^B,关系信任因子 T_i^R 和反馈信任因子 T_i^F。通过 OWA-WMA 组合算法,四个信任因子被自适应地融合为一个总体信任度。

定义 4.3(总体信任度) 情报源 s_i 的总体信任度(Overall Trust Degree, OTD)由以下公式计算得出:

$$T_i = W \times \overline{D} = \sum_{j=1}^{4} w_j \times T_i^{X_j} \tag{4-2}$$

其中:$W = (w_1, w_2, w_3, w_4)$ 是信任因子的权重向量,满足 $0 \leqslant w_4 \leqslant w_3 \leqslant w_2 \leqslant w_1 \leqslant 1$,$\sum_{j=1}^{4} w_j = 1$;设定 $\overline{D} = (T_i^{X_1}, T_i^{X_2}, T_i^{X_3}, T_i^{X_4})$,$T_i^{X_j}$ 表示 $D = (T_i^{X_I}, T_i^{X_B}, T_i^{X_R}, T_i^{X_F})$ 中信任值排名第 j 的信任因子。

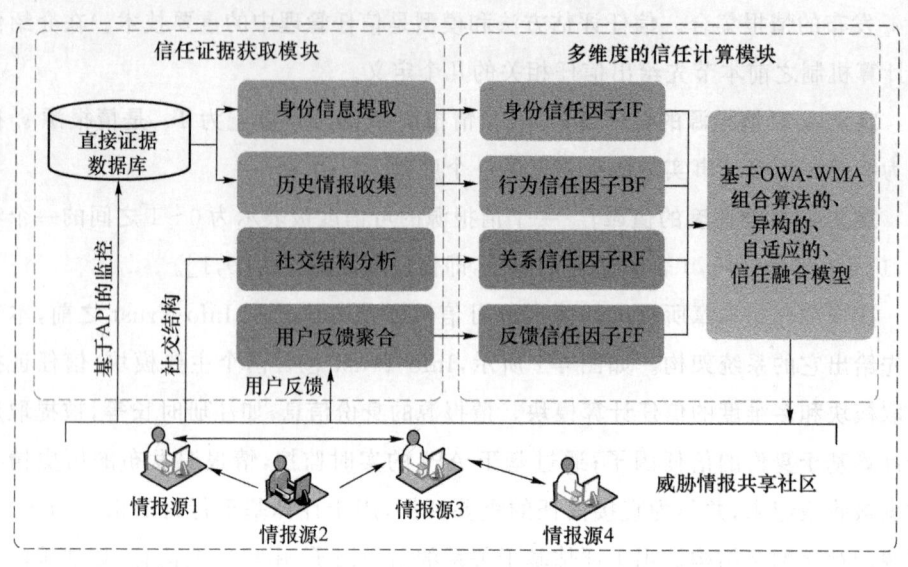

图 4-1　Info-Trust 的系统架构图

在现有研究中,分配信任权重[8,21-22]一般有三种主观方法,即随机分配法、平均权重法和专家评定法。然而,这些方法存在一个共同的缺陷——缺乏动态适应性。一旦权重值设定好后,信任因子的权重值不能动态地自适应调整。因此,自适应地给信任因子分配权重是本章的重要工作之一。OWA-WMA 组合算法,整合了有序加权平均 OWA 算子和加权移动平均 WMA 算子[17-20],不仅考虑了各个信任因子的影响力的变化,也考虑了动态加权问题,提供了详细而准确的信任计算过程。

情报源的可信度需要从综合的角度进行评估。当前大多数信源信任评估方法对信任因子的考虑存在一定的不足,比如忽视反馈信任因子,这无疑阻碍了用户对信任评估结果的接受程度。如图 4-2 所示,本章提出了一种多维度威胁情报源可信性评估方法模型 Info-Trust,它同时考虑了直接证据和间接证据,融合了四个维度的信任因子——基于身份的信任因子、基于行为的信任因子、基于关系的信任因子和基于反馈的信任因子,考虑了情报源的基本特征——情报源是谁(who is he/she)、发布的历史情报——情报源发布了什么(what did he/she post)、情报源的社会关系/网络结构——情报源的网络关系如何(how about his/her network relation)以及用户反馈——用户对情报源的反馈如何(how about user feedback),从而给出了情报源信任评估的全方位视图。在详细介绍本章所提的信任融合计算机制之前,先列出本章用到的数学符号及其含义描述,如表 4-1 所示。

第 4 章 | 多维度威胁情报源可信性评估方法

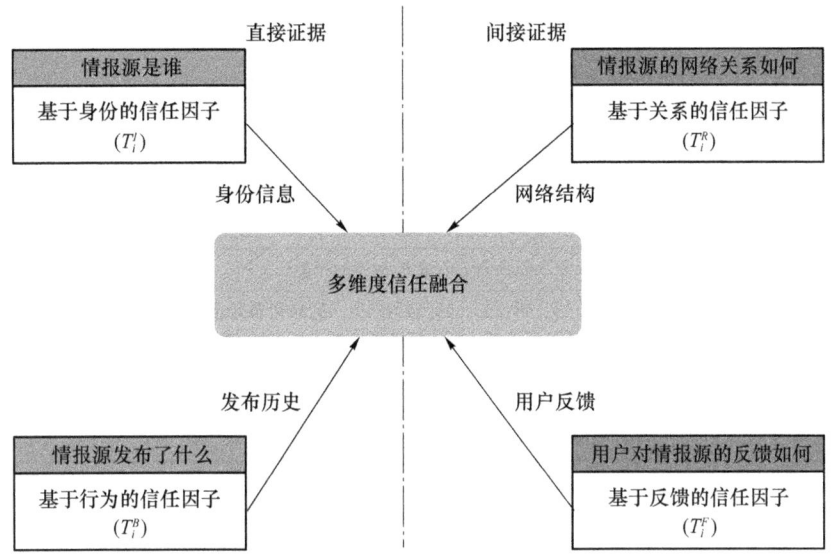

图 4-2 威胁情报源的多维度信任因子融合示意图

表 4-1 本章用到的符号及其含义描述

符号	含义描述
S	情报源的集合
E	情报源之间的连接边的集合
N	情报源的个数
T_i^X	情报源 s_i 在指标 X 上的信任度,其中 $X=\{I,B,R,F\}$
T_i	情报源 s_i 的总体信任度
W	四个信任因子的权重向量,$W=\{w_1,w_2,w_3,w_4\}$
$AS(s_i)$	情报源 s_i 的认证分数
$RS(s_i)$	情报源 s_i 的注册时长分数
$SP(s_i)$	情报源 s_i 的社会流行度
$TS(s_i)$	情报源 s_i 的权威分数
$Follower(s_i)$	情报源 s_i 的关注者集合
Q_i	情报源 s_i 的虚假情报集合
$I_{i,f}$	情报源 s_i 的虚假情报 f 的总体影响力
$NoFlw(s_i)$	情报源 s_i 的关注者的个数
$NoLik(f)$	虚假情报 f 的 likes 个数
$NoShr(f)$	虚假情报 f 的 shares 个数
$NoMet(f)$	虚假情报 f 的 mentions 个数

续表

符号	含义描述
$LC(s_i)$	情报源 s_i 的局部聚类系数
e_{s_i}	情报源 s_i 的入度和出度之和
K_{s_i}	情报源 s_i 的邻居的个数
$BC(s_i)$	情报源 s_i 的中介中心度
δ_{st}	从顶点 s 到顶点 t 的最短路径的个数
$\delta_{st}(s_i)$	从顶点 s 到顶点 t 的经过顶点 s_i 的最短路径的个数
ρ_i	情报源 s_i 收到的积极反馈的数量
ϑ_i	情报源 s_i 收到的消极反馈的数量
λ	OWA 权重向量计算中的场景参数

4.3 一种多维度的情报源可信性评估方法

4.3.1 基于身份的信任因子

研究结果表明,社交媒体中信源的信任度与信源的身份信息相关[23],虚假信息很可能由网络机器人产生并传播[24-25]。通常,通过认证的信息源比匿名信息源更值得信任。因此,我们根据情报源 s_i 是经实名认证过的还是匿名的角度量化信任度,定义情报源 s_i 的认证分 $AS(s_i)$,值域为 $[0,1]$。如果 s_i 是经认证过的,则记 $AS(s_i)$ 为 1;如果 s_i 是匿名的,则记 $AS(s_i)$ 为 0.2(一个较低的分值)。在威胁情报共享社区网络中,一些专为传播虚假情报的账号被创建,如网络机器人[24]。传播真实情报的情报源的注册时长通常比那些传播虚假情报的情报源的注册时长更长[26]。情报源 s_i 的注册时长,也就是情报源 s_i 的账号创建时间与当前时间的时间差的绝对值不能被人为更改——这个特征是恶意情报源很难模仿的。通常,情报源的注册时长越长往往越可信。我们将情报源 s_i 的注册时长分数作为情报源可信度的一个评估因子,情报源 s_i 的注册时长分数可被定义为 $RS(s_i)$,计算方式如下:

$$RS(s_i) = \frac{|R(s_i) - \mu_R|}{\sigma_R} \tag{4-3}$$

其中，$R(s_i)$ 表示情报源 s_i 的注册时长，μ_R 表示所有情报源的平均注册时长，σ_R 表示所有情报源的注册时长的标准差。

通常，情报源的关注者数量体现了其受欢迎程度和可信度。情报源的关注者数量越多，即该节点在网络中的入度越大，通常预示着越多的用户信任这个情报源并且乐于接受其发布的信息。因此，我们定义情报源 s_i 的社会流行度为 $\text{SP}(s_i)$，计算方式如下：

$$\text{SP}(s_i) = \frac{\log(\text{NoFlw}(s_i)+1)}{\log(\max_{s_i \in S}(\text{NoFlw}(s_j))+1)} \tag{4-4}$$

其中，$\text{NoFlw}(s_i)$ 表示情报源 s_i 的关注者数量。

PageRank 算法[27]根据全网网页拓扑关系计算了网页节点的权威度。受 PageRank 算法启发，我们定义了情报源 s_i 的权威分数，计算方式如下：

$$\text{TS}(s_i) = d \times \sum_{s_j \in \text{Follower}(i)} \frac{\text{TS}(s_j)}{\text{NoFlw}(s_j)} + \frac{1-d}{N} \tag{4-5}$$

其中，$\text{Follower}(i)$ 表示情报源 s_i 的关注者集合，$\text{Noflw}(s_j)$ 表示情报源 s_j 的关注者数量，N 是情报源的总个数，$d \in (0,1)$ 是阻尼系数。因此，情报源 s_i 的基于身份的信任因子 T_i^I 的计算方式如**算法 4-1** 所示。

算法 4-1　情报源 s_i 的基于身份的信任因子 T_i^I 的计算

输入：S, E，情报源的身份信息

输出：情报源的基于身份的信任度

1：**for** $s_i \in S$ **do**
2：　　**if** s_i 是经实名认证的 then
3：　　　　$\text{AS}(s_i) = 1$
4：　　**else**
5：　　　　$\text{AS}(s_i) = 0.2$
6：　　**end if**
7：　　根据公式(4-3)计算注册时长分数 $\text{RS}(s_i)$
8：　　根据公式(4-4)计算社会流行度 $\text{SP}(s_i)$
9：　　根据公式(4-5)计算权威分数 $\text{TS}(s_i)$
10：　$T_i^I = (\text{AS}(s_i) + \text{RS}(s_i) + \text{SP}(s_i) + \text{TS}(s_i))/4$
11：**end for**

4.3.2 基于行为的信任因子

在威胁情报共享社区网络中,情报源的历史发布行为是情报源可信度评估的一个重要依据。尽管不可信情报源和可信情报源在"每个情报帖子的点赞(like)数量""每个情报帖子的分享(share)数量"等特征上没有显著差异,但是其发布的虚假情报和可信情报在这两个特征维度上是有显著差异的。

定义 4.4(基于行为的信任因子) 在本章所提模型 Info-Trust 中,情报源的行为信任因子记作 T_i^B,考虑了情报源 s_i 的虚假情报历史的数量和影响力,计算方式如下:

$$T_i^B = 1 - \frac{\sum_{f \in Q_i} I_{i,f}}{\sum_{i=1}^{N} \sum_{f \in Q_i} I_{i,f}} \tag{4-6}$$

其中 Q_i 是情报源 s_i 的虚假情报集合,f 是 Q_i 中的一条虚假情报,I_f 是虚假情报 f 的影响力。

本章所提模型将虚假情报 f 的 likes,shares,mentions 个数作为评估 I_f 的量化指标。使用 likes 个数 NoLik(f) 来计算情报源的发帖影响力,记作 $LK_{i,f}$,计算方式见公式(4-7)。类似地,使用 shares 个数 NoShr(f) 和 mentions 个数 NoMet(f) 来计算情报源的发帖影响力,分别记作 $SH_{i,f}$ 和 $MT_{i,f}$,计算方式分别见公式(4-8)和公式(4-9)。最后得到情报源 s_i 的虚假信息 f 的总体影响力,记作 $I_{i,f}$,计算方式见公式(4-10)。

$$LK_{i,f} = \frac{\log(\text{NoLik}(f)+1)}{\log(\max_{f \in Q_i}(\text{NoLik}(f))+1)} \tag{4-7}$$

$$SH_{i,f} = \frac{\log(\text{NoShr}(f)+1)}{\log(\max_{f \in Q_i}(\text{NoShr}(f))+1)} \tag{4-8}$$

$$MT_{i,f} = \frac{\log(\text{NoMet}(f)+1)}{\log(\max_{f \in Q_i}(\text{NoMet}(f))+1)} \tag{4-9}$$

$$I_{i,f} = (LK_{i,f} + SH_{i,f} + MT_{i,f})/3 \tag{4-10}$$

4.3.3 基于关系的信任因子

在威胁情报共享社区网络中,可信的情报源通常与其他情报源有较强的网络

第4章 多维度威胁情报源可信性评估方法

结构关联关系。相反,不可信的情报源通常盲目地关注其他情报源,与其他情报源有着较弱的网络结构关联关系[28]。将情报共享社交网络中的每个情报源视为一个节点,则所有情报源构成一个图。为了量化一个情报源的邻居节点形成一个团(完全图)的紧密程度,我们应用图理论中的一种度量——局部集聚系数(local clustering coefficient)[29]。一个节点的局部集聚系数,是它的相邻节点之间的连接数与它们所有可能存在连接的数量的比值[30]。因此,对于威胁情报共享社区网络中每个情报源 s_i,它的局部集聚系数的计算方式如下:

$$LC(s_i) = \frac{|e_{s_i}|}{K_{s_i}(K_{s_i}-1)} \tag{4-11}$$

其中,$|e_{s_i}|$ 是由情报源 s_i 的邻居节点构成的有向图的入度和出度之和,K_{s_i} 是情报源 s_i 的邻居节点的个数。如图 4-3(a)所示,三个点状三角形表示深灰色节点(可信源)的邻居节点之间的三种关系,并且深灰色节点的局部集聚系数为 $LC(s_i)=(2\times3)/(4\times3)=1/2$。如图 4-3(b)所示,点状三角形表示浅灰色节点(不可信源)的邻居节点之间的唯一关系,并且浅灰色节点的局部集聚系数为 $LC(s_i)=(2\times1)/(4\times3)=1/6$。从公式(4-11)和图 4-3 可知,相比可信的情报源,不可信的情报源有着较低的局部集聚系数值。

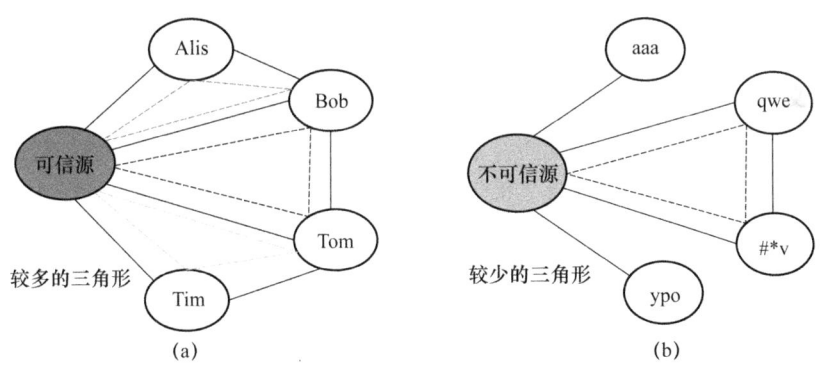

图 4-3 可信情报源和不可信情报源的局部集聚系数的差异解释示意图

相比可信的情报源,恶意的情报源通常随机关注大量无关的情报源来获取丰富的社会关系,从而在其关注的情报源之间形成了大量的最短路径[28]。为了量化这个特征,我们采用中介中心度,即一种基于最短路径的中心度度量[31]。在有向图中,节点 s_i 的中介中心度 $BC(s_i)$ 的计算方式如下:

$$BC(s_i) = \sum_{s \neq s_i \neq t} \frac{\delta_{st}(s_i)}{\delta_{st}} \tag{4-12}$$

其中，δ_{st}是从节点s到节点t的最短路径的总个数，$\delta_{st}(s_i)$是从节点s经过节点s_i到节点t的最短路径的个数。这个度量反映了节点在图中的位置，即出现在很多节点对的最短路径上的节点，其节点中心度的值更高。如图4-4（a）所示，连接Alis和Tim的虚折线和连接Bob和Tim的虚折线表示经过深灰色节点（可信源）s_i的两条不同的最短路径，并且$BC(s_i)=2/C_4^2=2/6=1/3$。如图4-4（b）所示，五条虚折线表示五条通过浅灰色节点（不可信源）s_i的最短路径，并且$BC(s_i)=5/C_4^2=5/6$。从公式(4-12)和图4-4可知，相比可信的情报源，不可信的情报源有着较高的中介中心度。

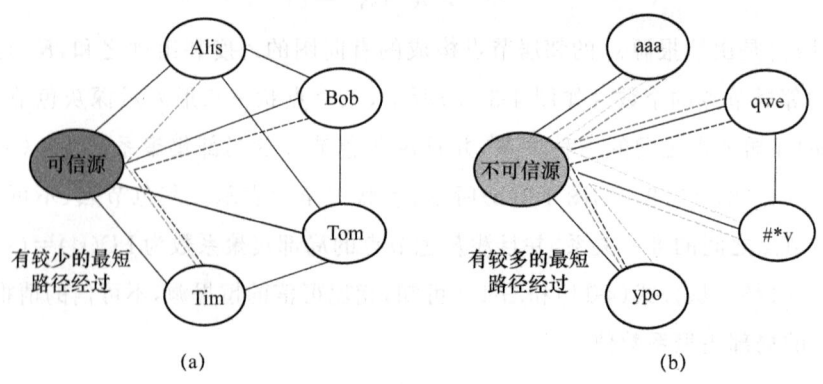

图4-4　可信情报源和不可信情报源的中介中心度的差异解释示意图

定义4.5(基于关系的信任因子)　在Info-Trust模型中，情报源s_i的基于关系的信任因子的计算方式如下：

$$T_i^R=\frac{LC(s_i)+(1-BC(s_i))}{2} \tag{4-13}$$

恶意情报源或许会认真地筛选出它所要关注的情报源，从而使它的局部集聚系数和中介中心度更接近可信的情报源的值。然而，该操作的实现需要耗费恶意情报源大量的时间、金钱和精力，同时也会大量减少其关注的情报源的数量。另外，考虑到在大型图（如整个Twitter社交网络图）上精准地计算这两个评估指标较为耗时，邻居采样技术能允许我们分块计算这两个评估指标，从而以一种近似的轻量级的方式计算出这两个评估指标。

4.3.4　基于反馈的信任因子

大多数情报共享平台为平台用户提供了反馈功能，用户可以向平台举报其发现的恶意情报源或恶意情报。用户的反馈数据对情报源的可信评估非常重要,但该反馈数据没有被给予足够的重视甚至被忽视。考虑到恶意反馈,本章所提模型只利用可信用户提供的反馈。也就是说,只有总体信任度不低于预先设定的阈值(根据经验,设定为0.6)的用户提供的反馈信息才能被采纳。

对于一个大型情报共享社交网络环境,即拥有百万级的情报源且每秒处理数以千计的信息发布,由信任系统引发的延迟将是一个具有挑战性的重要问题。因此,反馈聚合机制的高效计算性是本章所提信任模型的基本需求,我们提出了一种轻量级的反馈聚合机制。

定义4.6(基于反馈的信任因子) 在Info-Trust模型中,基于反馈的信任因子的计算方式如下:

$$T_i^F = \frac{\rho_i}{\rho_i + \vartheta_i + 2} \quad \text{where } T_i \geqslant 0.6 \tag{4-14}$$

其中,ρ_i是情报源s_i收到的积极反馈的数量,ϑ_i是情报源s_i收到的消极反馈的数量。

在公式(4-14)中,当$\rho_i + \vartheta_i = 0$时,表示情报源s_i刚刚加入威胁情报共享社区或者还没有收到任何反馈;当$\rho_i + \vartheta_i = 0$时,设定$T_i^F = 0.5$。这种做法是基于文献[32]的研究成果——该研究指出怀疑新用户是不可取的,因为只有极少量的新用户是恶意的。这个做法可以给新用户加入威胁情报共享社区的机会,直到其被证明是恶意的。

4.3.5 自适应的信任融合

在计算出情报源s_i的基于身份的信任因子T_i^I、基于行为的信任因子T_i^B、基于关系的信任因子T_i^R、基于反馈的信任因子T_i^F之后,融合所有信任因子,得到情报源的总体信任度OTD,而一个最直观的方式是对所有信任因子取平均值。然而,由于不同的信任因子对整体信任度的贡献不尽相同,忽略各个信任因子的重要性差异是不可取的。

OWA-WMA算法,是OWA算子和WMA模型[27-28]的组合,其综合考虑了不同因子的影响程度以及动态加权问题。决策制定者只需要根据聚合场景调整参数,系统就能够给出融合计算后的结果。因此,在Info-Trust信任机制中,OWA-WMA算法给各个信任因子赋权重。其中,OWA算子给不同的信任因子赋予不同的权重,WMA模型以移动平均的方式对最新的历史信任度进行累加求和。

定义 4.7(OWA 算子) 形式上地,一个 n 维的 OWA 算子是一个映射 F:$R_n \to R$,且权重向量为 $W = \{w_1, w_2, \cdots, w_n\}$,满足 $\Sigma w_i = 1$,计算方式如下:

$$F(p_1, p_2, \cdots, p_n) = \sum_{j=1}^{n} w_j p_{\sigma(j)} \qquad (4\text{-}15)$$

其中,$p_{\sigma(j)}$ 是集合 $\{p_1, p_2, \cdots, p_n\}$ 中的大小排名第 j 位的元素。

为了确定权重向量 W 的值,可以利用不同的聚合算子。OWA 算子提供了一个平均类型的聚合算子[27-29]。OWA 算子是一个非线性算子,其结果来自确定 w_j 的过程。Fuller 和 Majlender[33] 提出了一个基于拉格朗日乘法的方法来确定 OWA 算子的特殊类,OWA 权重有最大的熵,进而衍生出一个多项式方程来确定最佳的权重向量。$p_{\sigma(j)}$ 的权重 w_j 可以使用如下方程来计算:

$$w_1[(n-1)\lambda + 1 - nw_1]^n = [(n-1)\lambda]^{n-1}[((n-1)\lambda - n)w_1 + 1] \qquad (4\text{-}16)$$

$$w_n = \frac{((n-1)\lambda - n)w_1 + 1}{(n-1)\lambda + 1 - nw_1} \qquad (4\text{-}17)$$

$$w_j = \sqrt[n-1]{w_1^{(n-j)} w_n^{(j-1)}} \qquad (4\text{-}18)$$

在上述公式中,参数 λ 的值域为 $[0,1]$,被视为信任机制中确定集合 $\{p_1, p_2, \cdots, p_n\}$ 中最重要因子的工具。根据文献[33],w_1 的最佳值应满足公式(4-17),并且其他权重的值由公式(4-18)计算得到。然后根据**算法 4-2**,OWA 算子被用于计算权重向量。如果设定算法中 $n=4$,则将得到四个信任因子的权重 $W = (w_1, w_2, w_3, w_4)$。

算法 4-2　基于 OWA 算子的权重向量的计算

输入:n, λ;/* 对于不同的 n 和 λ,可得到不同的 OWA 权重,λ 是场景参数 */
输出:权重向量 $W = (w_1, w_2, w_3, w_4)$

1: **if** $\lambda < 0.5$ **then**
2:　　$\lambda = 1 - \lambda$
3: **end if**
4:根据公式(4-16)计算权重 w_1
5:根据公式(4-17)计算权重 w_n
6:　**for** $t = 2$ **to** $(n-1)$ **do**
7:　　根据公式(4-18)计算 w_t
8: **end for**

第 4 章 | 多维度威胁情报源可信性评估方法

定义 4.8(WMA 模型) WMA 模型具有算术变化的权重,其计算方式如下:

$$F(U) = \sum_{i=1}^{n} \omega_i U_i \tag{4-19}$$

其中,$F(U)$ 是序列 U 的融合函数,i 是用于计算加权平均的数据项的编号,U_i 是数据项的真实值,ω_i 是赋予 U_i 的权重且满足 $\sum \omega_i = 1$。四个信任因子为 $D=(T_i^I, T_i^B, T_i^R, T_i^F)$。从概念上来讲,令 $U=D$,则公式(4-19)就转化成一个 WMA 模型。

综上,情报源的总体信任度的计算过程可以表示为**算法 4-3**。另外,为使情报用户能对情报源 s_i 的总体信任度产生直观理解,如表 4-2 所示,我们定义了一个总体信任度和信任级别之间的简单映射。如果情报源的总体信任度低于 0.25,那么就判定该情报源不可信;如果信任源的总体信任度不小于 0.5,那么就判定该情报源可信。

算法 4-3 情报源 s_i 的总体信任度的计算

1: **for** $s_i \in S$ **do**
2:     应用**算法 4-1** 计算基于身份的信任因子 T_i^I
3:     应用公式(4-6)计算基于行为的信任因子 T_i^B
4:     应用公式(4-13)计算基于关系的信任因子 T_i^R
5:     应用公式(4-14)计算基于反馈的信任因子 T_i^F
6:     应用**算法 4-2** 计算权重向量 W
7:     应用公式(4-2)计算情报源 s_i 的总体信任度 T_i
8: **end for**

输出:T_i //情报源 s_i 的总体信任度

表 4-2 总体信任度和信任级别之间的映射关系

序号	总体信任度	信任级别
1	[0.90,1.00]	非常可信
2	[0.75,0.90)	很可信
3	[0.50,0.75)	可信
4	[0.25,0.50)	不可信
5	[0.00,0.25)	完全不可信

4.4 实验结果与分析

为了验证本章所提出的多维度的情报源信任评估机制在准确性和应对动态恶意行为时的自适应性方面的总体性能,本节基于新浪微博真实数据集进行了一系列仿真实验,以评估用户节点的可信度。仿真实验基于 NetLogo 软件,该软件尤其适合对复杂系统进行建模并探索实体微观行为与宏观模式之间的关系。信任机制的性能从以下两个方面进行评估:

① 准确性,用于评估信任计算的准确性;

② 自适应性,用于评估所提模型在应对动态复杂的发布行为中的反应能力。

为进行对比实验,我们实现了三种典型的信任模型:直接信任模型[6]、Canini 的信任模型[7]和平均权重信任模型。

4.4.1 实验设置

为了验证本章所提信任机制的有效性,我们在国内主流微博服务提供商——新浪微博平台上进行了实验。在该平台上,海量用户每日微博发布总量达到数亿条。因此,该平台可作为情报源可信评估的很好的一个案例。

1. 数据集描述

本章通过新浪微博平台的开放 API[34]及网页爬虫获取实验数据。由于新浪微博拥有海量的用户和微博数据,评估所有用户的信任度是不现实的。新浪微博虚假消息辟谣官方账号"微博辟谣"定期发布消息公示近期的虚假消息,故借助"微博辟谣"官方账号进行数据标记。同时,由两位数据标记者对微博用户的总体信任度进行打分并将打分结果作为真实值。为了对微博用户即信源的可信度进行细粒度的评估[8],我们收集了 2017 年 7—9 月期间的微博消息,并将实验数据集按照微博内容的话题分为健康科学(Health Science)、广告(Advertising)和社会事件(Social Events)三类分别进行实验。三个数据集分别涉及 15 761、16 451、44 715 个微博用户,以微博用户为节点,以微博用户之间的关注关系为连接边构建有向图,得到的节点平均出度分别是 65.57、110.41、113.49。

2. 对比实验

将 Info-Trust 模型和以下三个模型进行了对比实验：

① 直接信任模型[6]，该模型只考虑了直接信任因子，包括基于身份的信任因子和基于行为的信任因子；

② Canini 的信任模型[7]，该模型利用身份信息、发帖行为和社会关系来寻找社交网络中的可信源，但该模型忽略了基于反馈的信任因子；

③ 平均权重模型，该模型同时考虑了四个因子，但是四个因子的权重是相同的。

3. 仿真器设置

在仿真实验中，同时存在可信源和恶意源。可信源总是发布可信的情报，但是恶意源以一定的时间间隔 I_d 改变他们的发帖质量。减小 I_d 的值可以提高恶意源变换发帖质量的速率。P_b 是可信情报源占所有情报源的比率，P_m 是恶意情报源占所有情报源的比率。时间步数是仿真器的运行步数。仿真器中用到的参数及其可能的取值总结为表 4-3。

表 4-3 仿真参数设置

参数	参数的解释	可能的取值
I_d	动态变化的时间间隔	5,10,20
P_b	可信情报源占所有情报源的比率	20%,50%
P_m	恶意情报源占所有情报源的比率	20%,50%
W	模型中的权重向量	0.25, 0.3, 0.5
λ	算法 4-2 中的场景参数	[0.5,1]

4.4.2 准确性评估

信任评估机制应当具备良好的准确性。本章使用平均绝对误差（Mean Absolute Deviation，MAD），来评估所提模型的准确性[35]，并将其记作 Γ。

$$\Gamma(t) = \frac{\Sigma|A_t - F_t|}{\Sigma t} \tag{4-20}$$

其中，$\Gamma(t)$ 是模型在 t 时刻的平均绝对误差，A_t 是在时间戳 t 时的真实值，F_t 是模

型计算出的时间戳 t 时的预测值，$|A_t-F_t|$ 是在时间戳 t 的评估误差，Σt 是总的运行时间戳个数。$\Gamma(t)$ 是信任评估准确性的指示器，用于检查误差是否在可接受范围之内。$\Gamma(t)$ 的值越接近于 0，信任模型的评估准确性越高。

为分析**算法 4-2** 中的场景参数 λ 对模型性能的影响，我们基于三个数据集进行了一系列实验，图 4-5 展示了实验结果。从图 4-5 可知，当场景参数 $\lambda=0.6$ 时，模型得到最小的平均绝对误差。因此，在后续实验中，我们将 0.6 作为场景参数 λ 的基准值。

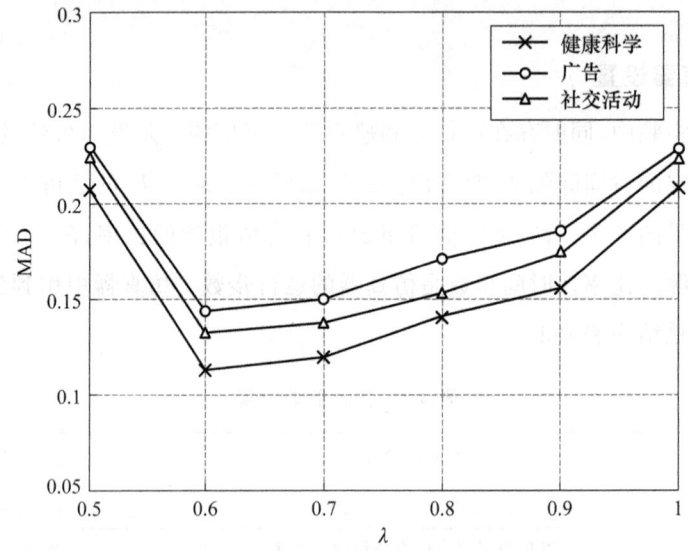

图 4-5　平均绝对误差随场景参数 λ 的变化

表 4-4 展示了各个信任模型使用的信任因子及其权重实例。直接信任模型作为二因子信任模型的典范，在信任评估中考虑了基于身份的信任因子和基于行为的信任因子，并且两个信任因子的权重是人为指定的。Canini 的信任模型考虑了三个信任因子，分别是基于身份的信任因子、基于行为的信任因子和基于关系的信任因子，但忽略了基于反馈的信任因子。另外，为评估 Info-Trust 模型的自适应权重的有效性，我们对比了权重固定的四因子信任模型。

平均绝对误差可以反映信任评估机制的无偏性。较小的 $\Gamma(t)$ 值表明信任评估机制达到较好的准确性。图 4-6 和图 4-7 展示了不同话题下各个信任模型的平均绝对误差 $\Gamma(t)$ 的实验结果。显然，信任因子的个数对信任模型的准确性有直接影响。在图 4-6 和图 4-7 中，基于四个信任因子的信任模型的 $\Gamma(t)$ 值低于基于两个信任因子的模型的平均绝对误差。

表 4-4　各个信任模型使用的信任因子及其权重实例

信任模型	信任因子			
	T_i^I	T_i^B	T_i^R	T_i^F
直接信任模型[7]	0.500 0	0.500 0		
Canini 的信任模型[8]	0.400 0	0.300 0	0.300 0	
平均权重信任模型	0.250 0	0.250 0	0.250 0	0.250 0
Info-Trust 模型	0.347 4	0.272 2	0.213 3	0.167 1

图 4-6 展示了在相对稳定的社区中,不同话题下各个信任模型的平均绝对误差。在仿真实验中,恶意源的占比为 20%,表明该社区是相对较好的社区。如图 4-6 所示,所有模型有着相对接近的性能(差异小于 0.1),也就是说当恶意源较少时这些信任模型表现都很好。

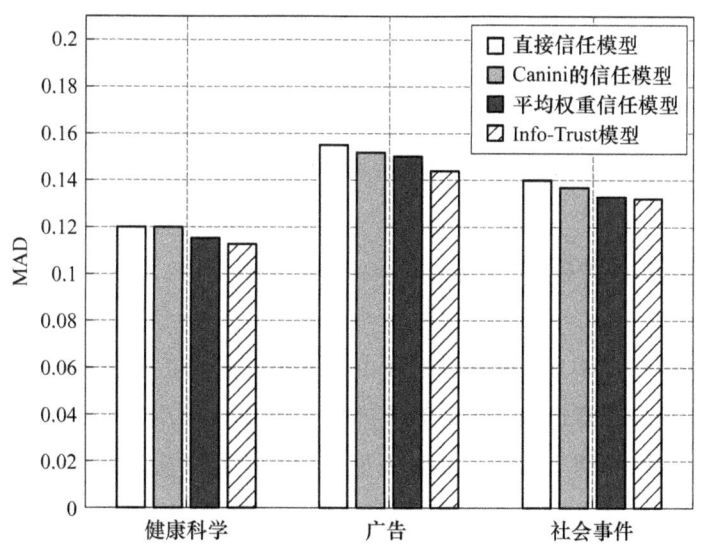

图 4-6　在相对稳定的社区中,不同话题下各个信任模型的平均绝对误差

图 4-7 展示了在恶意社区中,不同话题下各个信任模型的平均绝对误差。在仿真实验中,若恶意源的占比达到 50%,则表明该社区是一个恶意社区。图 4-7 显示了在恶意环境中,信任因子的个数对信任评估的准确性有着直接的作用,使用四个信任因子的模型的 $\Gamma(t)$ 值最小。这个结果表明本章所提的多维度信任机制在恶意环境中仍保持着良好性能。例如,在广告话题下,Info-Trust 模型的平均绝对

误差为 0.151,远低于直接信任模型的 0.297。如图 4-6 和图 4-7 所示,本章所提出的多维度信任评估机制性能优于其他对比模型。从应用的角度来讲,多个信任因子的计算将增加计算开销,但考虑到情报共享平台在可信度和安全性方面的提升情况,一些额外开销是可以忽略的。

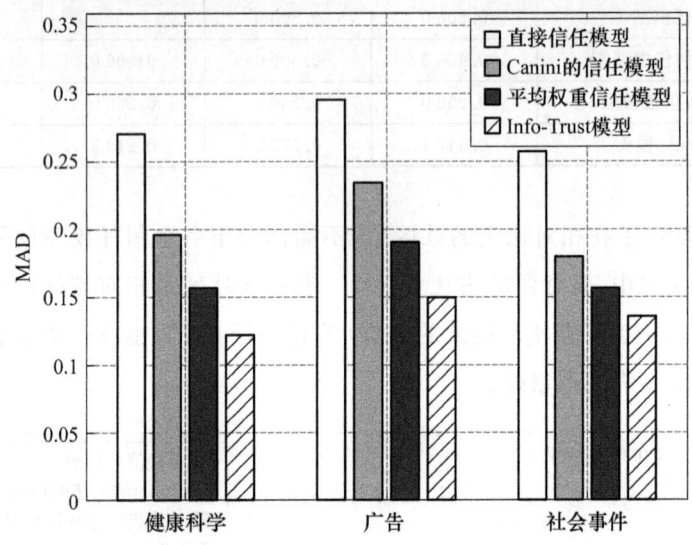

图 4-7 在恶意社区中,不同话题下各个信任模型的平均绝对误差

4.4.3 自适应性评估

通常,威胁情报共享社区的动态性由以下两部分产生:情报源发帖行为的动态性(正常情报源被恶意情报源俘获而发布虚假情报),以及情报源发帖质量的动态性。在仿真实验中,两个参数被用于表征威胁情报共享社区的动态性。①发布频率(Posting Frequency, PF),其值域为[0,1]。每个情报源按照 PF 进行情报发布。PF 越大,情报源在单位时间内发布的情报帖子越多。②发布动态因子(Posting Dynamic Factor, PDF)。在仿真实验中,情报源经过一个随机时间段后情报发布质量发生震动,即改变情报内容的真实性/虚假性。

事实上,较高的真实情报发布比率(Benign Posting Percentage, BPP)表征系统具有较好的自适应性。因此,我们将 BPP 记作 $\varphi(\Delta t)$,并且使用公式(4-21)评估信任机制的自适应性。

$$\varphi(\Delta t) = \frac{\sum_{t=1}^{\Delta t} B(\Delta t)}{\sum_{t=1}^{\Delta t} S(\Delta t)} \times 100\% \tag{4-21}$$

其中，$B(\Delta t)$是时间段 Δt 内真实情报(benign postings)发布的总数量，$S(\Delta t)$是时间段 Δt 内所有情报的总数量。

在社交媒体系统中，约80%的参与者是诚实的(HFR≈80%)，约20%的参与者是恶意的。因此，仿真实验中，我们设定诚实反馈者(Honest Feedback Raters，HFRs)的比率为80%，恶意反馈者(Malicious Feedback Raters，MFRs)的比率为20%。本章根据以下四种网络环境讨论了相关问题：空闲且稳定的环境、繁忙且稳定的环境、空闲且高度动态的环境、繁忙且高度动态的环境。

我们首先观察空闲且稳定的环境下模型的性能情况，其中 PF=0.2，PDF=0.2。从图 4-8 可知，四种模型均表现出良好的鲁棒性且 $\varphi(\Delta t)$ 大于 90%，且 Info-Trust 模型的 $\varphi(\Delta t)$ 值略高于其他模型的 $\varphi(\Delta t)$ 值。图 4-9 展示了在繁忙且稳定的环境下模型的性能情况，其中 PF=0.8，PDF=0.2。相比空闲且稳定的环境，直接信任模型的 $\varphi(\Delta t)$ 值约降低8%，Canini 信任模型的 $\varphi(\Delta t)$ 值约降低5%，平均权重信任模型的 $\varphi(\Delta t)$ 值约降低3%，本章所提出的 Info-Trust 模型的 $\varphi(\Delta t)$ 约降低2%。实验结果表明，在繁忙且稳定的环境下，相比其他三种模型，Info-Trust 模型具有更强的鲁棒性。

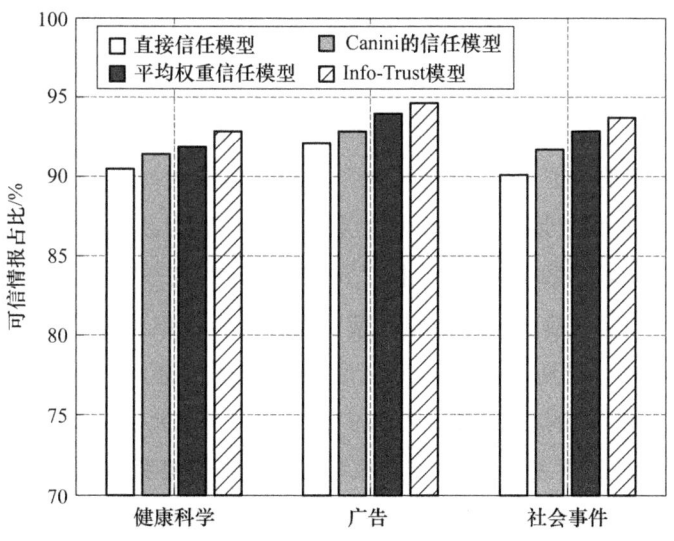

图 4-8 在空闲且稳定的环境下可信情报占比的对比图

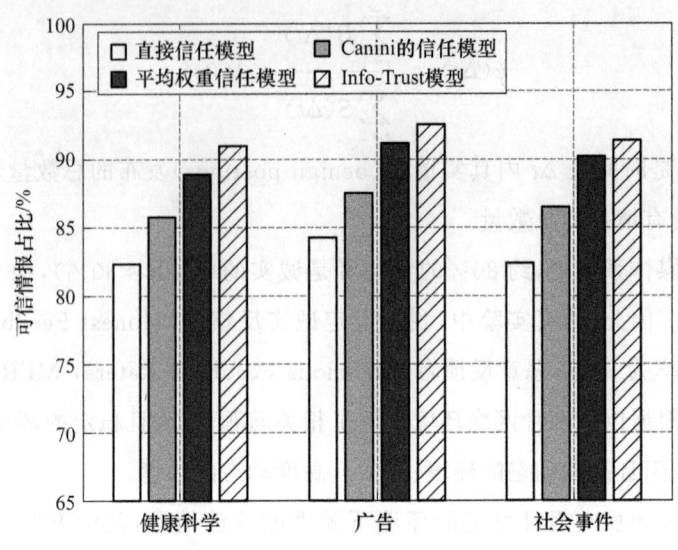

图 4-9 在繁忙且稳定的环境下可信情报占比的对比图

为研究在高度动态的环境下模型的自适应性,设定 PDF 的值为 0.8。图 4-10 为在空闲且高度动态的环境下可信情报占比的对比情况,其中 PF=0.2,PDF=0.8。由图 4-10 可知,本章所提出的 Info-Trust 模型具有最好的自适应性,它的 $\varphi(\Delta t)$ 值达到 93%。当 PF 值设定为 0.8 时,社交网络将成为繁忙网络。在繁忙且高度动态的环境下可信情报占比的对比情况如图 4-11 所示,其中 PF=0.8,PDF=0.8。相比直接信任模型和 Canini 信任模型,本章所提的 Info-Trust 模型具有较高的 $\varphi(\Delta t)$ 值。然而,相比在空闲且高度动态的环境下,所有模型在繁忙且高度动态的环境下性能指标均明显降低。

一个应用级的信任计算模型应当能够对恶意行为做出及时的响应。为了进一步评估所提模型的自适应性,我们考虑了可信情报源为恶意情报源的案例。在这组实验中,总的观察数设定为 100,场景参数分别设置为 0.5、0.6、0.7。图 4-12 展示了在不同的场景参数下,可信情报源在 $t=50$ 时突变恶意,Info-Trust 模型预测的总体信任度的变化曲线。当检测到某情报源发布了虚假情报后,其总体信任度快速下降。如图 4-12 所示,在 $t=50$ 之后,场景参数 λ 越小,情报源的总体信任度越低(因其发布的虚假消息对基于行为的信任因子 T_i^B 和基于反馈的信任因子 T_i^F 产生影响)。实验结果表明,本章所提模型能够识别情报源的动态发帖行为。

以上实验结果证明了 Info-Trust 模型在稳定环境和动态变化的环境下的自适应性。直接信任模型和 Canini 信任模型在信任因子权重上使用了主观的方法,这些方法不能捕获信任评估过程中的自适应性和复杂性,并会导致误报且影响信任评估的准确性。在本章所提的 Info-Trust 模型中,OWA-WMA 组合算法被创新性地用于融合多个信任因子,克服了其他两个模型在权重分配上的主观局限性,提高了信任评估的准确性。实验结果证明 Info-Trust 模型的性能优于其他所有对比模型。

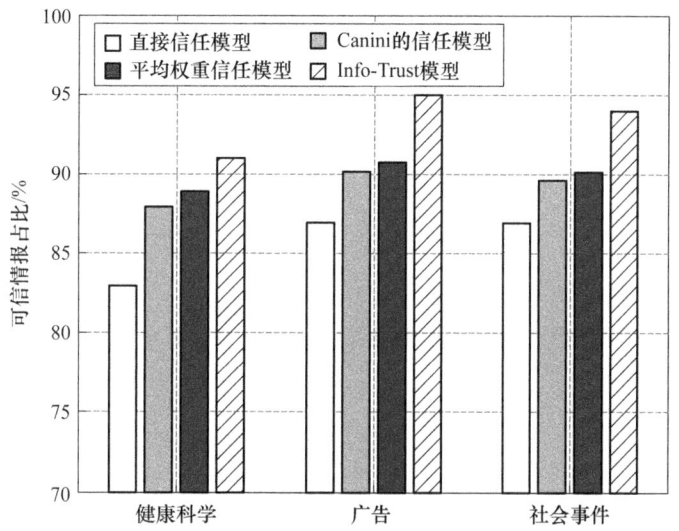

图 4-10　在空闲且高度动态的环境下可信情报占比的对比图

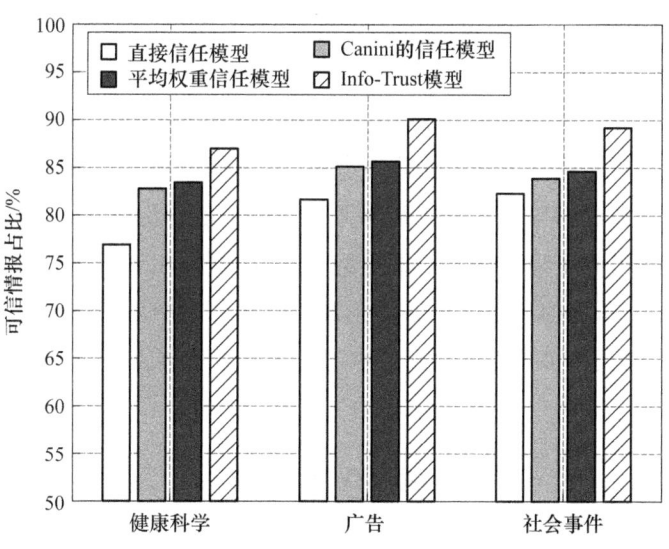

图 4-11　在繁忙且高度动态的环境下可信情报占比的对比图

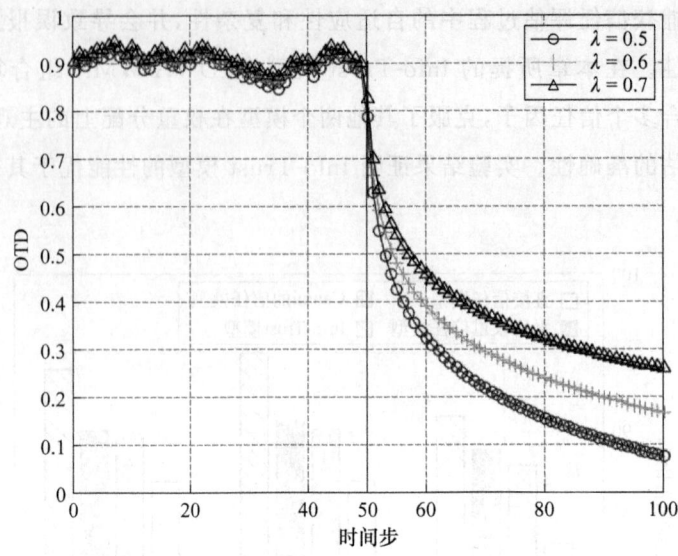

图 4-12　不同场景参数下,可信情报源在 $t=50$ 时突变恶意的 OTD 变化曲线图

4.5　本章小结

　　针对威胁情报源可信性评估中信任因子考虑不足的问题,本章研究了威胁情报共享社区中的情报源的可信度评估问题,提出了一种多维度情报源可信性评估方法。该方法综合考虑了多个维度的信任因子,包括基于身份的信任因子、基于行为的信任因子、基于关系的信任因子和基于用户反馈的信任因子,多维度且合理地计算多个信任因子,提高了信任评估的准确性。在考虑信任因子权重时,基于多源信息融合理论,通过 OWA-WMA 组合算法将多个信任因子自适应地融合为总体信任度,该算法超越了现有方法权重分配的主观局限性。基于真实数据集的仿真实验结果证明了所提的多维度威胁情报源可信性评估方法的准确性和自适应性,且所提机制在情报源可信性评估任务中超越了现有最佳方法。

参 考 文 献

[1]　JIN E, EASTIN M. Towards more trusted virtual physicians: the

combinative effects of healthcare chatbot design cues and threat perception on health information trust[J]. Behaviour & Information Technology, 2025, 44(4): 829-842.

[2] JAFARIAN B, YAZDANI N, HAGHIGHI M S. Using attentive temporal GNN for dynamic trust assessment in the presence of malicious entities[J]. Expert Systems with Applications, 2025, 260: 125391.

[3] LIU Y H, LIU Z H, ZHANG Q, et al. Blockchain and trusted reputation assessment-based incentive mechanism for healthcare services[J]. Future Generation Computer Systems, 2024, 154: 59-71.

[4] WANG Y. A novel evaluation model based on connection cloud model and game theory under multiple uncertainties[J]. Soft Computing, 2023, 27(2): 645-656.

[5] GE L, GAO J, LI X Y, et al. Multi-source deep learning for information trustworthiness estimation[C]//Proceedings of the 19th ACM SIGKDD International Conference on Knowledge Discovery and Data Mining. Chicago Illinois USA. ACM, 2013: 766-774.

[6] PICHON F, LABREUCHE C, DUQUEROIE B, et al. Multidimensional approach to reliability evaluation of information sources[J]. Information Evaluation, 2023: 129-159.

[7] CANINI K R, SUH B, PIROLLI P L. Finding credible information sources in social networks based on content and social structure[C]//2011 IEEE Third International Conference on Privacy, Security, Risk and Trust and 2011 IEEE Third International Conference on Social Computing. IEEE, 2011: 1-8.

[8] ZHAO L, HUA T, LU C T, et al. A topic-focused trust model for Twitter [J]. Computer Communications, 2016, 76: 1-11.

[9] JIANG W J, WU J, LI F, et al. Trust evaluation in online social networks using generalized network flow[J]. IEEE Transactions on Computers, 2016, 65(3): 952-963.

[10] EGELE M, STRINGHINI G, KRUEGEL C, et al. Towards detecting compromised accounts on social networks[J]. IEEE Transactions on

Dependable and Secure Computing, 2017, 14(4): 447-460.

[11] ADEWOLE K S, ANUAR N B, KAMSIN A, et al. Malicious accounts: dark of the social networks[J]. Journal of Network and Computer Applications, 2017, 79: 41-67.

[12] WANG Z X, DONG W X, ZHANG W Y, et al. Rooting our rumor sources in online social networks: the value of diversity from multiple observations[J]. IEEE Journal of Selected Topics in Signal Processing, 2015, 9(4): 663-677.

[13] MOK L, NANDA S S, ANDERSON A. People perceive algorithmic assessments as less fair and trustworthy than identical human assessments [J]. Proceedings of the ACM on Human-Computer Interaction, 2023, 7(CSCW2): 1-26.

[14] SHERCHAN W, NEPAL S, PARIS C. A survey of trust in social networks[J]. ACM Computing Surveys, 2013, 45(4): 1-33.

[15] JIANG W, WANG G, BHUIYAN M Z A, et al. Understanding graph-based trust evaluation in online social networks: methodologies and challenges[J]. ACM Computing Surveys, 2016, 49(1): 10.

[16] LI X Y, MA H D, YAO W B, et al. Data-driven and feedback-enhanced trust computing pattern for large-scale multi-cloud collaborative services [J]. IEEE Transactions on Services Computing, 2018, 11(4): 671-684.

[17] EMROUZNEJAD A, MARRA M. Ordered weighted averaging operators 1988-2014: a citation-based literature survey[J]. International Journal of Intelligent Systems, 2014, 29(11): 994-1014.

[18] YAGER R, KACPRZYK J. The ordered weighted averaging operators: theory and applications[M]. New York: Springer, 2012.

[19] YAGER R R. On ordered weighted averaging aggregation operators in multicriteria decisionmaking[J]. IEEE Transactions on Systems, Man, and Cybernetics, 1988, 18(1): 183-190.

[20] AHN B S. On the properties of OWA operator weights functions with constant level of orness[J]. IEEE Transactions on Fuzzy Systems, 2006,

14(4): 511-515.

[21] ALRUBAIAN M, AL-QURISHI M, HASSAN M M, et al. A credibility analysis system for assessing information on twitter[J]. IEEE Transactions on Dependable and Secure Computing, 2018, 15(4): 661-674.

[22] ALRUBAIAN M, AL-QURISHI M, AL-RAKHAMI M, et al. A multistage credibility analysis model for microblogs[C]//Proceedings of the 2015 IEEE/ACM International Conference on Advances in Social Networks Analysis and Mining 2015. Paris France. ACM, 2015: 1434-1440.

[23] SHU K, WANG S H, LIU H. Understanding user profiles on social media for fake news detection[C]//2018 IEEE Conference on Multimedia Information Processing and Retrieval (MIPR). IEEE, 2018: 430-435.

[24] SHU K, SLIVA A, WANG S H, et al. Fake news detection on social media[J]. ACM SIGKDD Explorations Newsletter, 2017, 19(1): 22-36.

[25] Shao C, Ciampaglia G L, Varol O, et al. The spread of fake news by social bots[EB/OL]. https://arxiv.org/abs/1707.07592.

[26] SHU K, MAHUDESWARAN D, WANG S H, et al. FakeNewsNet: a data repository with news content, social context and dynamic information for studying fake news on social media[EB/OL]. https://arxiv.org/abs/1809.01286.

[27] Pagerank[EB/OL]. (2018-09-03) https://en.wikipedia.org/wiki/PageRank.

[28] YANG C, HARKREADER R, GU G F. Empirical evaluation and new design for fighting evolving twitter spammers[J]. IEEE Transactions on Information Forensics and Security, 2013, 8(8): 1280-1293.

[29] WATTS D J, STROGATZ S H. Collective dynamics of 'small-world' networks[J]. Nature, 1998, 393(6684): 440-442.

[30] Clustering coefficient[EB/OL]. (2018-09-03). https://en.wikipedia.org/wiki/Clustering_coefficient.

[31] Betweenness centrality[EB/OL]. (2018-09-03). https://en.wikipedia.org/wiki/Betweenness_centrality.

[32] Resnick P, Friedman E J. The social cost of cheap pseudonyms[J]. Journal of Economic Management and Strategy, 2001, 10(2): 173-199.

[33] FULLÉR R, MAJLENDER P. An analytic approach for obtaining maximal entropy OWA operator weights[J]. Fuzzy Sets and Systems, 2001, 124(1): 53-57.

[34] Sina weibo API documation[EB/OL]. https://open.weibo.com/wiki/API%E6%96%87%E6%A1%A3/en#Weibo

[35] SONG Q, CHISSOM B S. Forecasting enrollments with fuzzy time series: Part I[J]. Fuzzy Sets and Systems, 1993, 54(1): 1-9.

[36] GAO Y L, LI X Y, LI J R, et al. Info-trust: a multi-criteria and adaptive trustworthiness calculation mechanism for information sources[J]. IEEE Access, 2019, 7: 13999-14012.

第 5 章
基于图挖掘的情报内容本身可信感知

5.1 引　　言

通过共享攻击指示器(IoC)、漏洞情报、网络安全事件和缓解措施等情报数据,组织机构能够合作抵御当今复杂的、快速演变的网络攻击[1-3]。由于威胁情报平台的开放性,情报提供者们提交的情报数据很可能是过时的、互相冲突的,甚至是虚假的、捏造的,这无疑很容易导致共享平台的情报使用者据此做出错误的决定。然而,目前大多数威胁情报研究聚焦于情报共享和融合[4-7]。针对威胁情报内容本身的可信评估与信任管理问题,目前研究者仅仅指出该信任问题的重要性,而没有给出具体的评估方案,或只是简单地根据情报来源判断情报内容是否可信。情报内容的可信感知能力的缺失严重阻碍了威胁情报共享平台的推广[1,8-9]。在传统的信息网络中,信息可信度评估问题已经积累了较多的研究成果[10-13],但难以直接应用到威胁情报领域之中。大数据环境下的威胁情报共享,面对海量的、复杂的威胁情报,人力已无法赶超海量数据的产生速度,自动化地识别情报内容可信度是情报分析处理中必不可少的重要技术[14-15]。

针对以上问题,本章的主要内容为:首先,提出了一个情报内容可信感知的威胁情报架构[26],它包含了威胁情报采集和聚合模块、威胁情报异质图构建模块和情报信任评估模块,能够为安全分析师在情报内容可信评估上提供决策帮助;其次,构建了一种异质情报图,并基于图挖掘进行情报推理,从情报源、情报内容、情报时间和情报反馈信息四个维度进行特征提取,为大规模异质情报提供了一种自动的可解释的信任评估方法;最后,基于 IBM X-Force Exchange 和其他情报源的真实数据集,对所提出的情报内容信任评估模型进行了验证,实验结果证明所提模型的有效性。

5.2 系统模型与问题描述

在大规模的威胁情报共享环境下,如何快速准确地评估威胁情报的信任等级是一个关键任务[16]。信任评估的结果可以被用于网络安全分析和防御系统,如 IDS、SIEM。下面首先给出本章中威胁情报、网络威胁基础设施的定义。

定义 5.1(威胁情报) 威胁情报可以用五元组形式化地表示为〈情报类型,情报来源,发布时间,威胁类型,情报的描述〉。

具体地,威胁情报类型包括基础威胁情报、威胁对象情报、攻击指示器和事件情报等。情报来源可被分为五类,分别是内部情报源、情报共享平台、互联网开放情报源、合作情报源和商业情报源。发布时间指的是威胁情报的发布时间。威胁类型包括 DDoS(Distributed Denial of Service,分布式拒绝服务)攻击、Web 攻击、僵尸网络、命令和控制服务器(Command and Control Server,C&C Server)攻击、垃圾邮件、钓鱼攻击、恶意软件等。情报的描述指的是威胁情报的详细描述。

定义 5.2(网络威胁基础设施) 网络威胁基础设施包括 IP 地址、域名、恶意软件、时间戳、组织机构、域名拥有者、攻击者等。

如图 5-1 所示,本章提出了一种情报内容可信感知的威胁情报架构模型,它主要包含三个模块:威胁情报采集和聚合模块、威胁情报异质图构建模块和威胁情报信任评估模块。首先从多个情报源收集威胁情报,然后解析并融合数据以生成威胁情报图,最后采用基于图挖掘的信任评估算法评估威胁情报内容本身的可信度。

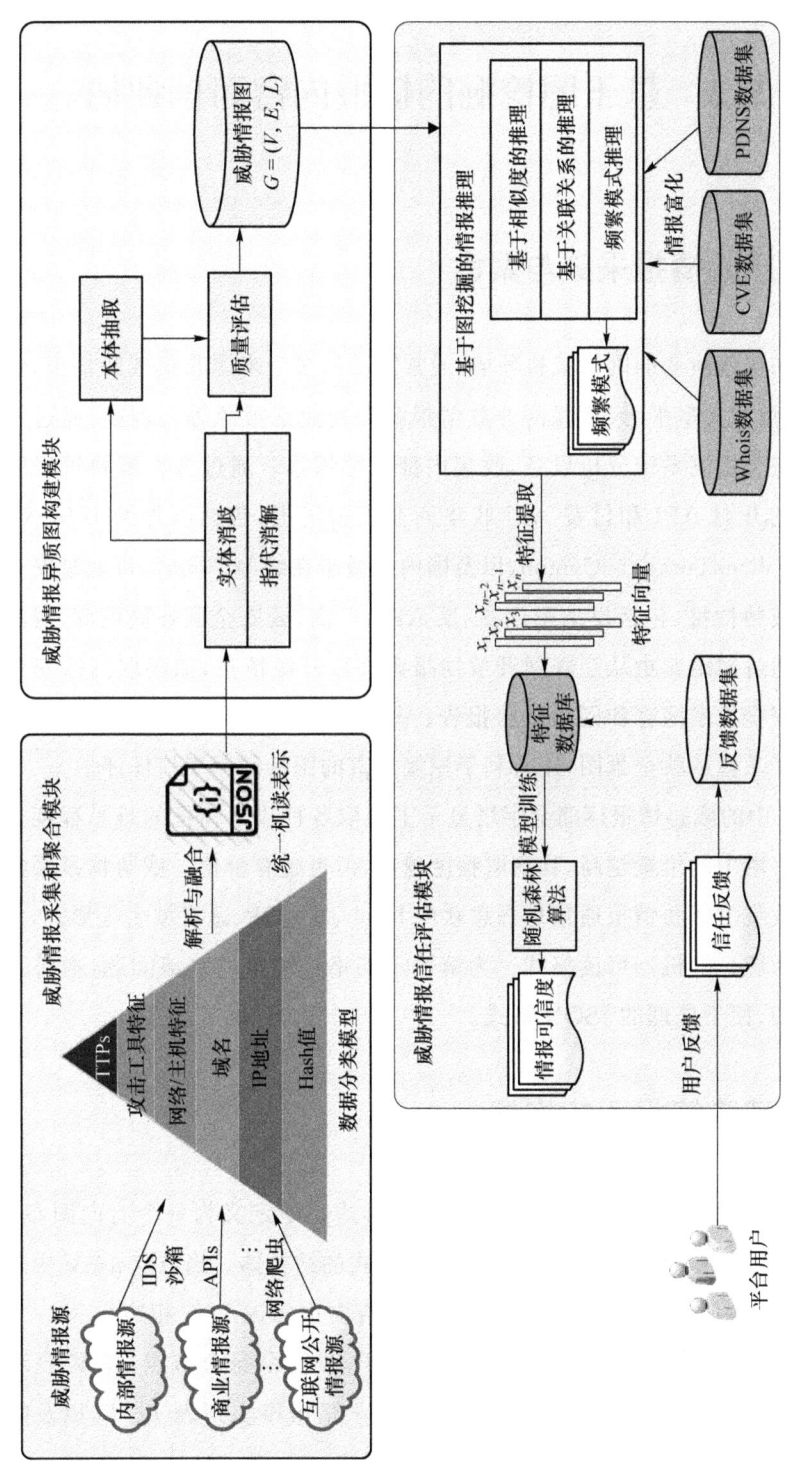

图5-1 情报内容可信感知的威胁情报架构模型

5.3 基于图挖掘的情报内容可信评估

5.3.1 威胁情报采集与聚合

为感知快速演变的网络威胁环境,通常需要从多个来源收集威胁情报,包括内部情报源、情报共享平台、互联网开放情报源和商业情报源等。例如,通过入侵检测系统等安全检测系统分析设备,收集内部威胁情报。通过各大威胁情报服务提供商提供的开源 API 和付费 API 收集商业威胁情报,包括国外的 IBM X-Force Exchange、VirusTotal[17]、Cymon,以及国内的微步在线等。同时,可通过安全厂商获取商业威胁情报,包括反病毒厂商、反 APT 厂商、云安全服务提供商、漏洞报告平台等。通过网络爬虫从互联网开放情报源获取开源情报,如爬取网络安全网站获得网络安全技术博客和网络威胁报告。基于多个威胁情报源构建威胁情报图,不仅有利于掌握威胁全景图,还有利于挖掘丰富的图特征用于信任评估。

图 5-1 中的威胁情报疼痛金字塔显示了获取各种攻击指标的难易程度。攻击指标在金字塔中的位置越高,其获取程度越难,但也越有价值。威胁情报采集和聚合模块中收集的威胁情报通常是恶意软件 Hash、恶意 IP、恶意域名等形式,然后被自动转化为统一的机器可读格式。为解决不同格式情报的存储问题,本研究中使用了实用的、便于处理的 JSON 格式。

5.3.2 威胁情报图的构建

定义 5.3(威胁情报图) 威胁情报图被形式化地定义为一个有向图 $G=(V, E, F)$,其中每个节点 $v \in V$ 表示一个 JSON 格式的结构体。当节点 $u \in V$ 中包含节点 $v \in V$ 的引用时,两个节点 u 和 v 通过一条有向边 $(u,v) \in E$ 相连。

为了给每个节点附上情报事实列表 $f \in F$,我们令每个节点 $v \in V$ 表示一个 JSON 格式的结构体,从而能够给每个节点附上情报事实列表 $f \in F$,以及能够在威胁情报图中存储非结构化数据。每个事实列表 f 的格式为 $f=(f_1, f_2, \cdots, f_n)$,

其中每个子事实 f_i 是一个键值对。关于情报图中的有向边,我们给出如下三个例子:

① <"9a3fenw6gds…","12.89.23.34","connect-to">;

② <"9a3fenw6gds…","http://abcd/efg…","source of">;

③ <"9a3fenw6gds…","CVE-2018-6947","exploits">。

如图 5-2 所示,威胁情报图的构建不仅能够促进威胁情报基础设施之间显式关系的描述,还能够帮助网络安全专家从节点之间的隐式关系中推断出有价值的情报。一条情报关联的信息越多,它就越有价值。通过借鉴谷歌 PageRank 算法的原理,我们可以计算出情报图中节点的权威度。对于一个节点 v_i,如果与其相连的节点越多,则认为节点 v_i 越有影响力。因此,节点 v_i 的权威度的计算方式可以被定义为

$$\Pr(v_i) = \frac{(1-d)}{N} + d \sum_{v_j \in S(v_i)} \frac{Pr(v_j)}{L(v_j)} \qquad (5\text{-}1)$$

其中:N 是节点的总个数;$L(v_j)$ 是节点 v_j 的出度的大小;常数 d 是阻尼系数,通常被设定为 $0.85^{[18]}$。

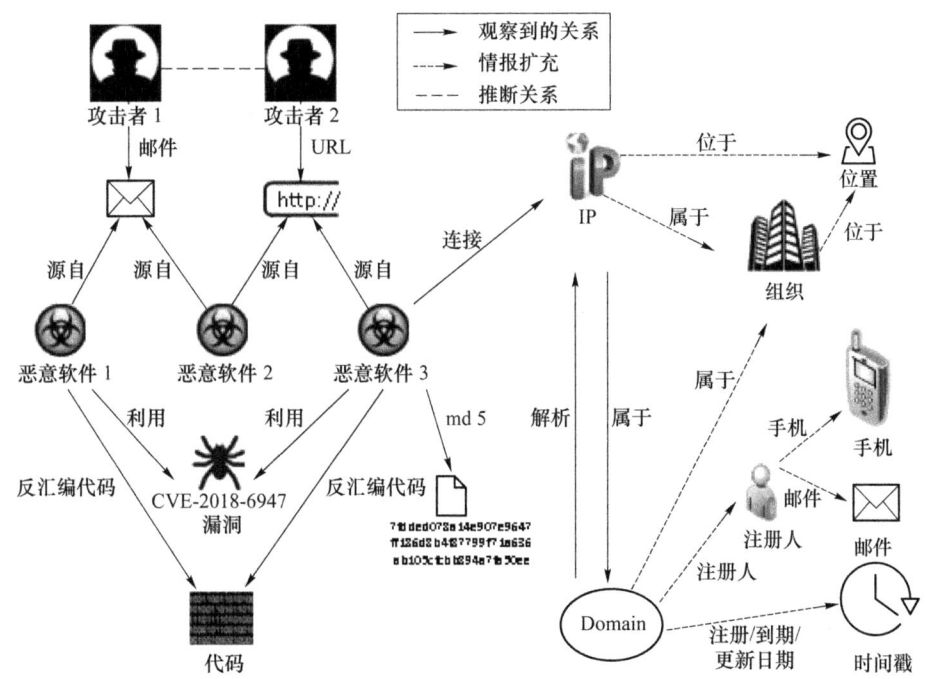

图 5-2 威胁情报图

威胁情报富化，是整合外部数据到威胁情报的过程，用于丰富情报分析中的上下文，在威胁情报关联分析中十分重要。如图 5-2 所示，虚线箭头表示由情报富化得到的关系，丰富的上下文可以帮助发现有价值的信息。上下文信息通常是大型数据集的一部分，并且系统不需要包含所有数据，只有当需要的时候才引用部分数据。额外的上下文包括谁拥有某个域名，谁拥有某个 IP 地址所属的网络，某 IP 地址在哪里注册等。因此，我们利用 Whois 数据集来获得域名注册信息，例如，注册时间、过期时间、更新时间、域名注册者的手机号和邮箱地址等。另外，我们使用通用漏洞披露（Common Vulnerabilities and Exposures，CVE）数据集和被动域名系统（Passive Domain Name System，PDNS）[19]数据集来富化威胁情报。

5.3.3　基于图挖掘的情报推理

通过将威胁情报涉及的网络威胁基础设施构建为威胁情报图，我们利用图挖掘技术来获取威胁情报更多的信任特征，从而更准确地评估威胁情报的可信度。具体地，我们采用两种图挖掘技术：基于相似度的推理和基于关联关系的推理。

（1）基于相似度的推理

网络攻击行为或许会在短时间内导致生成大量冗余威胁情报。因此，如果两条威胁情报的时间戳越接近，那么它们就越有可能是关于同一个网络攻击行为。威胁情报 f_1 和 f_2 的时间相似性，记作 $S_t(f_1,f_2)$，计算方式如下：

$$S_t(f_1,f_2)=\begin{cases}1-\dfrac{|f_1.t-f_2.t|}{\tau}, & |f_1.t-f_2.t|\leqslant\tau\\ 0, & |f_1.t-f_2.t|>\tau\end{cases} \quad (5\text{-}2)$$

其中，$f_1.t$ 是情报 f_1 的时间戳，τ 是预定义的时间间隔阈值。在高级持续攻击中，攻击者一旦在受害系统中植入后门，便通常使用那些容易获取的、相似的攻击工具来攻击网络。SimHash[20]是一种局部敏感 Hash，它可以确保相似的对象有着相似的指纹，以及相似对象的指纹之间的汉明距离[21]较小。SimHash 的这种属性使我们容易发现相似的恶意软件样本，计算流程一般包括以下四个步骤：

① 对文档进行提取特征以及特征对应的权重；

② 对特征进行 Hash，生成对应的 Hash 值；

③ Hash 值加权；

④ 求和。

以威胁情报文本 Str="The Trojan downloads a file bye.zip from server xyz.com"为例,情报 Str 的 SimHash 的计算方式如**算法 5-1** 所示。

算法 5-1 威胁情报 Str 的 SimHash 值的计算

Input:威胁情报 Str

Output:威胁情报 Str 的 SimHash 值

1:Pick a hashsize, lets say 32 bits

2:**Let** $V=[0]*32\#$ (i.e. 32 zeros)

3:Break the phrase Str up into features

　Str="The Trojan downloads a file bye.zip from server xyz.com"

　Set:"The","he ","e T"," Tr","Tro",…,"com"

4:Hash each feature using a normal 32-bit hash algorithm

　"The".hash = ***;"he ".hash = ***;…;

5:**for** each hash **do**

6:　**If** bit_i of hash is set **then**

7:　　Add 1 to $V[i]$

8:　**If** bit_i of hash is not set **then**

9:　　Take 1 from $V[i]$

10:**end for**

11:**if** $V[i]>0$ **then**

12:　simhash bit_i is 1

13:**else**

14:　simhash bit_i is 0

---

(2)基于关联关系的推理

文献[22]研究发现,手机号可以帮助我们自动检测诈骗社团并获取他们的诈骗行为。攻击者很可能在同一个攻击中使用多个手机号码,并且所用的邮箱地址是某人姓名字符串的多个变种。通过度量相关节点的共同基础设施,包括 IP 地址、注册者的邮箱和域名等,我们可以推断出不同攻击之间的关联关系。我们将所有威胁情报分为 800 个簇(每个簇大约 10 个节点);如果两个节点有共同的 IP 地址或者邮箱或者域名,则两个节点将被分到同一个簇中。值得注意的是,由于私有

IP 地址(10.0.0.0/8,172.16.0.0/12,192.168.0.0/16)无法作为攻击证据,私有 IP 地址数据不予考虑。关联规则包括两个部分:前件(if,如果)和后项(then,那么),可以帮助揭示那些看似无关的数据之间的关系。例如,情报"如果一个恶意软件利用名为 XXX 的漏洞,那么它有百分之八十的可能性与域名为 XXXX 的命令和控制服务器(C&C Server)通信"。图 5-3 展示的情报的关联分析能够帮助我们发现潜在的关联关系。图 5-3(a)表示两个后门文件 $File_1$ 和 $File_2$ 通过文件中包含的共同域名建立了关联关系。图 5-3(b)表示两个电子邮箱 $E\text{-}mail_1$ 和 $E\text{-}mail_2$ 通过域名及其指向的 IP 地址建立了关联关系。

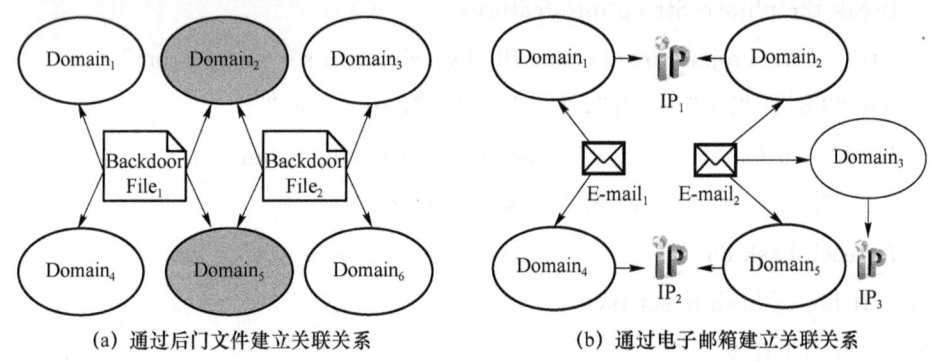

(a) 通过后门文件建立关联关系　　　　(b) 通过电子邮箱建立关联关系

图 5-3　情报的关联分析

5.3.4　多维度的信任特征提取

基于图挖掘的情报推理,我们得到了威胁情报更丰富的特征。如表 5-1 所示,平台自动提取了以下四个维度的特征:基于情报源的特征、基于情报内容的特征、基于时间的特征和基于反馈的特征。

(1) 基于情报源的特征

考虑情报源的特征,如情报源的权威度、情报源的误报率、情报源的漏报率、情报源是否支持用户匿名提交等。情报源的权威度根据 Alexa 排名(根据网站的活跃性和在全网的影响力评估得到)和用户数量计算得到。由于情报可能会传达相互矛盾的信息,由一个情报源支持的情报很可能不正确。因此,由多个独立的情报源支持的情报更可信。情报源的误报率/漏报率是根据情报源检测到的最近 100 次著名攻击事件的百分比计算得到的。实名用户发布的威胁情报的可信度一定高于匿名用户发布的威胁情报的可信度。

表 5-1 多维度的信任特征

维度	特征名称	特征的含义
情报源	权威度	情报源的权威分/可信度
	类型	情报源的类型,如情报共享平台、商业情报源
	更新频率	情报源的情报更新频率
	是否支持匿名	情报源是否支持匿名提交情报
	误报率	情报源的平均误报率
	漏报率	情报源的评估漏报率
	率先发现率	情报源的首次发现比率
情报内容	防御级别	情报在金字塔中的防御级别
	时效性	情报所属类型的时效性
	提交时间	情报的提交时间
	总单词数	情报的总字数
	描述长度	情报描述中列表 L 的长度
	安全事件个数	情报相关的安全事件的个数
	是否有历史情报	是否有历史情报
	历史情报个数	相关的历史情报的个数
	历史情报支持率	历史情报对该情报的支持度
	一致分	支持该情报的情报源的个数
	证据数量	与它通信的恶意软件、恶意 IP、恶意域名、恶意 URLs 的个数
时间	最早发布时间	情报的最早发布时间
	最晚发布时间	情报的最晚发布时间
	平均更新频率	近期历史情报的平均更新频率
反馈	支持率	基于用户标记的情报支持率
	关联的节点数	情报图中的关联节点数
	关联的事件数	关联的安全事件个数

(2) 基于情报内容的特征

考虑情报描述的内容特征。情报描述得越详细,情报就越有价值。例如,一段恶意代码可以由一系列特征值或者 Hash 值描述,但其并不能告知恶意代码的执行模式等细节。基于内容的特征可以是与情报类型无关的,也可以是与情报类型相关的。与情报类型相关的特征包括攻击指示器的防御级别、该类威胁情报的时效性等。与情报类型无关的特征包括情报描述的长度、情报描述中攻击指示器的个数、与它通信的恶意软件/恶意 IP 地址/恶意域名/恶意 URLs 个数、相关的历史情报的个数等。与此同时,我们使用词袋(Bag Of Words,BOW)模型来统计情报描述中每个单词的个数。另外,通过分析情报厂商提供的数据标签,我们发现一些标签太通用而无法定位到具体的恶意软件家族信息。我们构建了一个词典用于确定威胁类型描述的详细程度等级。表 5-2 给出了威胁情报的效用分数的几个实例。攻击指示器越难以改变,如命令和控制服务器(C&C Server),该攻击指示器的效用就越大。因此,我们将情报描述中的攻击指示器的类型作为评估情报可信的衡量指标。

表 5-2　威胁情报的效用分数实例

威胁类型的例子	详细程度等级	效用分数
"Trojan/PSW.GamePass"	非常详细	1
"Trojan""Worm""start""run"	详细	0.7
"malware""suspicious"	不太详细	0.3

(3) 基于时间的特征

考虑情报的时间特征。计算机应急响应小组(Computer Emergency Response Team,CERT)的研究发现,时效性是评估情报可信度的重要因素之一[3,6,23-24]。从某种意义上来说,攻击与防守是一场时间的博弈。情报的时效性非常强,评估情报的可信度离不开对情报的时间维度的分析。据统计[9],75% 的恶意 IP 情报生存时间为 5 天。如果某个 IP 情报的最近更新时间距离当前时间已经过去了很久,那么很可能最近没有发生关于此 IP 的攻击。另外,攻击者也能够获取威胁情报,从而在被发现之前改变他们的攻击战略和战术。只有及时的威胁情报才能帮助防御者快速有效地识别、响应最新的网络攻击。由于攻击通常是周级甚至日级的,情报的时效性可以被分为以下四种类型:时效性非常强(1 天之内有效)、时效性强(3 天之内有效)、时效性正常(7 天之内有效)、时效性弱(7 天以上仍有效)[25]。最近 n 次历史情报的平均更新频率记作 F,计算方式如下:

$$F = \frac{\sum_{i=2}^{n} I_{i1}/i}{n-1} \tag{5-3}$$

其中,I_{i1} 是第 i 条历史情报与最早的历史情报的时间间隔。

(4) 基于反馈的特征

考虑平台用户的反馈信息。由于情报社区平台为用户提供了标记和评价情报的反馈环境,平台用户的实时反馈数据能够促进情报可信度评估的实时更新。反馈机制是信任特征的一个重要来源,反馈数据集收集并存储了来自平台用户的信任反馈数据。对情报源 S_i 的情报 I_j 的反馈信息可以被分为两大类:可信和不可信。反馈为"可信"的数量记作 $\beta^+_{(S_i,I_j)}$,反馈为"不可信"的数量记作 $\beta^-_{(S_i,I_j)}$。因此,情报源的情报的支持率的计算方式如下:

$$\mathrm{Sr}_{(S_i,I_j)} = \frac{\beta^+_{(S_i,I_j)}}{\beta^+_{(S_i,I_j)} + \beta^-_{(S_i,I_j)}} \tag{5-4}$$

5.3.5 自动的可解释的信任评估算法

情报的可信评估能够提高情报分析的效率。我们使用一种集成学习算法——随机森林,用于情报信任评估任务。随机森林在模型训练过程中构造大量决策树,在回归任务中输出情报的信任等级。信任评估算法如**算法 5-2** 所示。随机特征子集的大小(记作 m)应当远小于特征全集的大小(记作 M)。为了计算具有 J 类的实体集的基尼系数,我们假设 $i \in \{1,2,\cdots,J\}$,p_i 表示属于类别 i 的实体。

$$I_G(p) = \sum_{i=1}^{J} p_i \sum_{k \neq i}^{J} p_k = \sum_{i=1}^{J} p_i(1-p_i) = \sum_{i=1}^{J}(p_i - p_i^2)$$
$$= \sum_{i=1}^{J} p_i - \sum_{i=1}^{J} p_i^2 = 1 - \sum_{i=1}^{J} p_i^2 \tag{5-5}$$

安全分析师对威胁情报的信任等级进行评估,然后输入训练模型。在训练之后,测试样本 x' 的预测结果通过多个子学习器的加权平均方法得到,计算方式如下:

$$f(x') = \sum_{b=1}^{B} w_b f_b(x') \tag{5-6}$$

其中:B 是在训练过程中生成的树的个数;$f_b(x')$ 是子学习器 f_b 对测试样本 x' 的信任评估结果;w_b 是子学习器 f_b 的权重,且满足 $\Sigma_{b=1}^{B} w_b = 1$。

由于威胁情报的信任等级 σ 是有序的值,也是对不确定性的评估,可视为所有子学习器对样本 x' 的标准差,计算方式如下:

$$\sigma = \sqrt{\frac{\sum_{b=1}^{B}(f_b(x') - f(x'))^2}{B-1}} \tag{5-7}$$

算法 5-2 信任评估算法

输入：训练集：$D=\{(x_1,y_1),(x_2,y_2),\cdots,(x_N,y_N)\}$；

　　　测试样本 $x' \in X'$；

　　　子决策树的个数 B；

　　　选择的特征数 m。

输出：1. 子决策树集合 $f_b=\{f_1,\cdots,f_B\}$

　　　2. 测试样本的信任等级 $f_b(x')$ 和 $f(x')$

1：**for** $b=\{1,2,\cdots,B\}$ **do**

2：　　从训练集 D 中随机有放回地选取 n 个样本

3：　　从特征集 M 中随机选取 m 个特征

4：　　根据基尼系数从 $f_b(x')$ 个特征中选择最佳特征

5：　　直到树长到最大停止分裂

6：　　从 D_b 中得到树 f_b

7：**end for**

8：根据公式(5-6)计算样本 x' 的信任度

5.4 实验结果与分析

5.4.1 实验设置

1. 数据集

基于威胁情报中涉及的威胁类型，如垃圾邮件、匿名服务等，我们使用网络爬虫技术从 VirusTotal、Cymon、IBM X-Force Exchange 三个主流的威胁情报共享平台获取 IP/域名/Hash 情报数据，威胁情报数据集的统计数据如表 5-3 所示。几个安全分析师根据他们的经验以及安全事件的官方情报，对情报数据集进行了标记，并将其分为可信类（记作 T 类）和不可信类（F 类）。由于数据集的不均衡性，我们对 T 类进行过采样，对 F 类进行负采样，得到均衡样本。

表 5-3　威胁情报数据集的统计数据

情报的类型	数量
IP	7 549
恶意软件关联的 IP	2 266
恶意 URL 关联的 IP	1 944
域名	5 053
Hash	2 087

2. 评价指标

本章所提出的情报内容可信评估模型属于一个分类问题,根据本次实验的数据集描述,只需要判定威胁情报内容是否可信就可以,属于一个二分类的问题。因此,我们选择二分类领域的常用性能评价指标,即正确率(Accuracy)、精确率/查准率(Precision)、召回率/查全率(Recall)和 F-measure。如表 5-4 所示,这些评价指标取决于混淆矩阵。

表 5-4　二分类问题的混淆矩阵

分类真实情况	分类预测情况	
	可信	不可信
可信	TP(真正例)	FN(假反例)
不可信	FP(假正例)	TN(真反例)

① 正确率:即算法所有预测正确的样本占全部样本的比率。

$$\text{Accuracy} = (TP+TN)/(TP+TN+FP+FN) \quad (5\text{-}8)$$

② 精确率:即查准率,即在算法预测是可信情报的结果中,确实是可信情报的比率。

$$\text{Precision} = TP/(TP+FP) \quad (5\text{-}9)$$

③ 召回率:即查全率,即所有可信情报样本中,被算法预测出来的比率。

$$\text{Recall} = TP/(TP+FP) \quad (5\text{-}10)$$

④ F-measure:精确率和召回率的加权调和平均值,该值常被用于平均模型的总体效果。

$$\text{F-measure} = \frac{2 \times \text{Precision} \times \text{Recall}}{\text{Precision} + \text{Recall}} \quad (5\text{-}11)$$

3. 对比实验

为了验证本章所提出的基于图挖掘的特征的情报内容可信评估机制的有效性，我们与没有利用基于图挖掘的特征的可信评估机制进行对比实验。并且，我们训练了四个有监督分类器来判定情报是否可信，包括 SVM 分类器、KNN 分类器、决策树 CART 分类器和本章所提模型所使用的随机森林分类器。

5.4.2 信任评估的有效性

实验中，我们使用 Python 的 Scikit-learn 包，并且使用五折交叉验证。根据混淆矩阵，图 5-4 展示了四种算法在两种机制下的实验结果，其中浅色柱形表示使用了本章所提的基于图挖掘的特征，深色柱形表示没有使用基于图挖掘的特征。在实践中，我们往往更关注可信情报。因此，相比精确率，我们更关注召回率。从图 5-4 中我们可以看出：相比其他三种算法，随机森林算法效果最好，精确率达到了 92.83%，召回率达到了 93.84%。

同时，我们也使用了袋外错误率(Out-of-Bag error, OOB error)来评估随机森林的通用误差。本章所提出的算法的 OOB error 到达了 0.918 9。ROC(Receiver Operating Characteristic)曲线反映的是敏感性(真阳性率、精确率)与特异性(假阳性率、召回率、误报率)之间的关系。如图 5-5 所示，ROC 曲线下方的面积(Area Under Curve, AUC)值达到了 0.96。

此外，随机森林算法还能够评估特征的重要性，这增加了信任评估模型的可解释性。实验结果显示，在情报的信任评估中，历史情报的支持率、情报描述的长度、平均更新频率比其他特征更为重要。

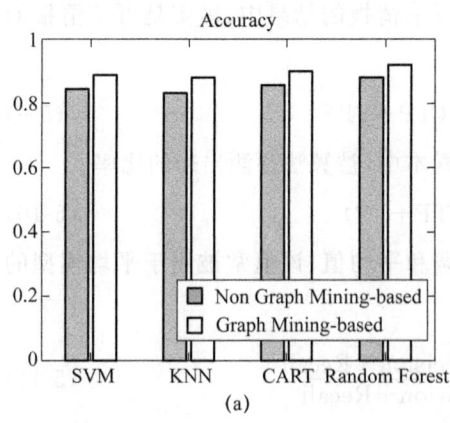

(a)

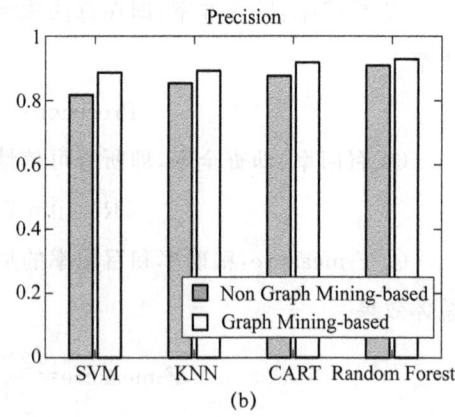

(b)

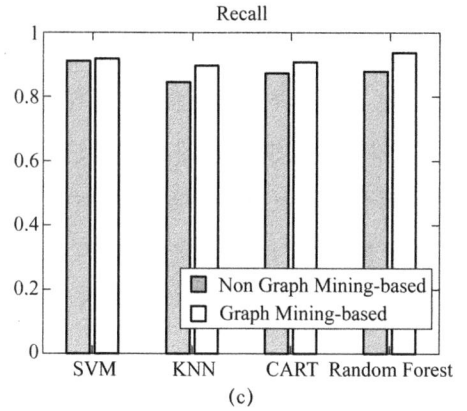
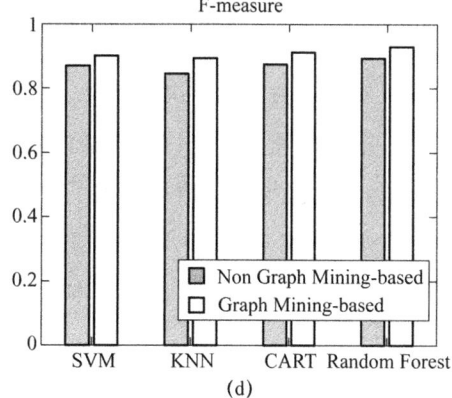

图 5-4 四种算法在两种信任机制下的性能对比图

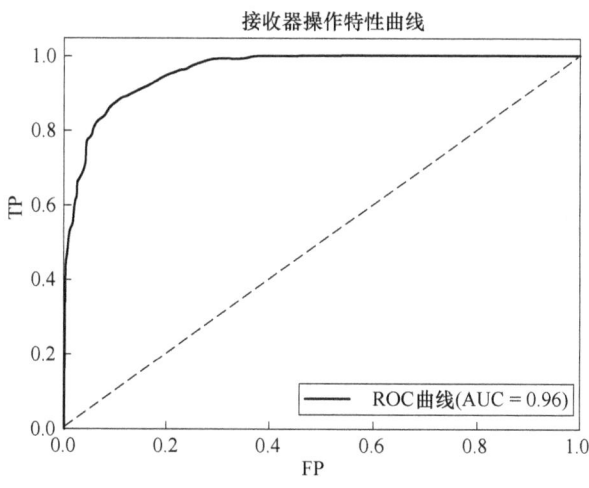

图 5-5 ROC 曲线

5.5 本章小结

信任管理在各种应用场景下被成功应用于帮助用户识别出可信的信息和服务提供商。信任管理技术同样需要应用于多源情报融合环境中,以帮助威胁情报用户识别可信的威胁情报。本章提出了一种面向大规模异质威胁情报的基于图挖掘的情报内容本身可信度评估模型,用于辅助威胁情报平台为威胁情报用户提供更可信的服务。首先,我们提出了一种信任感知的威胁情报架构,它包含威胁情报采集和聚合模块、威胁情报图构建模块和威胁情报信任评估模块,能够为安全分析师在情报质量评估上提供决策帮助。其次,我们构建了一种异质情报图,并基于图挖掘进行情报推理,从情报源、情报内容、情报时间和情报反馈信息四个维度进行特征提取,为大规模异质情报提供了一种自动的可解释的信任评估方法。最后,基于IBM X-Force Exchange 和其他情报源的真实数据集,对所提出的情报内容本身信任评估模型进行了实验,证明了本章所提信任评估模型能够满足准确性需求。

参 考 文 献

[1] SKOPIK F, SETTANNI G, FIEDLER R. A problem shared is a problem halved: a survey on the dimensions of collective cyber defense through security information sharing[J]. Computers & Security, 2016, 60: 154-176.

[2] DANDURAND L, SERRANO O S. Towards improved cyber security information sharing[C]//2013 5th International Conference on Cyber Conflict (CYCON 2013). IEEE, 2013: 1-16.

[3] SILLABER C, SAUERWEIN C, MUSSMANN A, et al. Data quality challenges and future research directions in threat intelligence sharing practice[C]//Proceedings of the 2016 ACM on Workshop on Information Sharing and Collaborative Security. Vienna Austria. ACM, 2016: 65-70.

[4] DONG Y S, MA J, WANG S, et al. Fairness in graph mining: a survey[J]. IEEE Transactions on Knowledge and Data Engineering, 2023, 35(10): 10583-10602.

[5] ZHANG F J, SHI S J, ZHU Y F, et al. OAG-bench: a human-curated benchmark for academic graph mining[C]//Proceedings of the 30th ACM SIGKDD Conference on Knowledge Discovery and Data Mining. Barcelona Spain. ACM, 2024: 6214-6225.

[6] Ponemon Institute. The second annual study on exchanging cyber threat

intelligence: there has to be a better way[R]. Ponemon Institute, 2015.

[7] WAGNER C, DULAUNOY A, WAGENER G, et al. MISP: the design and implementation of a collaborative threat intelligence sharing platform [C]//Proceedings of the 2016 ACM on Workshop on Information Sharing and Collaborative Security. Vienna Austria. ACM, 2016: 49-56.

[8] MURDOCH S, LEAVER N. Anonymity vs. trust in cyber-security collaboration[C]//Proceedings of the 2nd ACM Workshop on Information Sharing and Collaborative Security. Denver Colorado USA. ACM, 2015: 27-29.

[9] TOUNSI W, RAIS H. A survey on technical threat intelligence in the age of sophisticated cyber attacks[J]. Computers & Security, 2018, 72: 212-233.

[10] CASTILLO C, MENDOZA M, POBLETE B. Information credibility on twitter[C]//Proceedings of the 20th International Conference on World Wide Web. Hyderabad India. ACM, 2011: 675-684.

[11] LIM E P, NGUYEN V A, JINDAL N, et al. Detecting product review spammers using rating behaviors[C]//Proceedings of the 19th ACM International Conference on Information and Knowledge Management. Toronto ON Canada. ACM, 2010: 939-948.

[12] LU J T, NIE F P, WANG R, et al. Fast multiview clustering by optimal graph mining[J]. IEEE Transactions on Neural Networks and Learning Systems, 2024, 35(9): 13071-13077.

[13] BI Z, CHENG S Y, CHEN J, et al. Relphormer: relational graph transformer for knowledge graph representations[J]. Neurocomputing, 2024, 566: 127044.

[14] SAUERWEIN C, SILLABER C, MUSSMANN A, et al. Threat intelligence sharing platforms: an exploratory study of software vendors and research perspectives [C]//Proceedings of the 13th International Conference on Wirtschaftsinformatik. 2017: 837-851.

[15] Steinberger J, Kuhnert B, Sperotto A, et al. In whom do we trust-sharing security events[C]//Proceedings of the IFIP International Conference on Autonomous Infrastructure, Management and Security. Springer, 2016:

111-124.

[16] LIU Y, YANG X H, ZHOU S H, et al. Hard sample aware network for contrastive deep graph clustering[J]. Proceedings of the AAAI Conference on Artificial Intelligence, 2023, 37(7): 8914-8922.

[17] VirusTotal. Analyze suspicious files and URLs to detect types of malware, automatically share them with the security community[EB/OL]. https://www.virustotal.com.

[18] BRIN S, PAGE L. The anatomy of a large-scale hypertextual Web search engine[J]. Computer Networks and ISDN Systems, 1998, 30: 107-117.

[19] What is passive DNS? a beginner's guide[EB/OL]. https://www.deteque.com/news/passive-dns/.

[20] MANKU G S, JAIN A, DAS SARMA A. Detecting near-duplicates for web crawling[C]//Proceedings of the 16th International Conference on World Wide Web. ACM, 2007: 141-150.

[21] HAMMING R W. Error detecting and error correcting codes[J]. Bell System Technical Journal, 1950, 29(2): 147-160.

[22] COSTIN A, ISACENKOVA J, BALDUZZI M, et al. The role of phone numbers in understanding cyber-crime schemes[C]//2013 Eleventh Annual Conference on Privacy, Security and Trust. IEEE, 2013: 213-220.

[23] ENISA. Detect, share, protect-solutions for improving threat data exchange among certs[R]. European Union Agency for Network and Information Security, 2013.

[24] RING T. Threat intelligence: why people don't share[J]. Computer Fraud & Security, 2014, 2014(3): 5-9.

[25] Cunningham T. A cyber-threat intelligence program-how to develop one and why it matters[R]. 2015.

[26] GAO Y L, LI X Y, LI J R, et al. Graph mining-based trust evaluation mechanism with multidimensional features for large-scale heterogeneous threat intelligence[C]//2018 IEEE International Conference on Big Data (Big Data). Seattle, WA, USA. IEEE, 2018: 1272-1277.

第 6 章
基于异质图卷积网络的威胁类型智能识别

6.1 引　　言

威胁情报数据挖掘能充分发挥威胁情报数据在辅助决策中的重要作用,可信的情报源和可信的情报内容是保证威胁情报数据挖掘结果可信的前提。一个有效的、可信的威胁情报分析体系的建立,不仅需要衡量情报源和情报内容本身的可信性,还需要基于可信情报进行威胁情报数据挖掘。对任何网络威胁防御和预警系统来说,威胁情报的建模和基础设施节点的威胁类型识别无疑是基础需求之一。近年来,为充分利用威胁情报来防御网络攻击,学术界和工业界开始关注威胁情报的建模和融合分析,并提出了相关方法[1-3],其中一些方法非常新颖且翔实,但多数方法一般存在以下局限性。

一方面,很少有研究从异质信息网络[4-6]的角度考虑基础设施节点之间的高阶语义关系。由于威胁情报之间广泛存在的显隐式关系,以及威胁情报所涉及的网络威胁基础设施节点的异质性,网络威胁情报建模面临挑战。近年来,在大规模威胁情报共享环境中,基于图的自动分析方法引起了研究者的广泛关注[2-3,8-13]。然而,大多数研究主要关注同质信息网络或二分图,不能发现不同类型节点之间的高阶语义关系。异质信息网络,作为一种特殊的信息网络,涉及了多种类型的节点或者多种类型的关系,其包含的丰富语义有利于知识发现[14-16]。然而,尽管一些工作已经考虑了多种类型的节点和关系,却忽略了高阶语义。威胁情报异质信息网络能为以不同语义关联的威胁基础设施节点提供一个高效而紧凑的表达,如捕获不同类型基础设施节点的复杂关系,区分基于不同网络行为的网络攻击,探索敌手如何组织攻击并调整攻击技术等。因此,为了减轻安全分析师的分析工作量,本章研究了一种实用的威胁情报异质信息网络模型,利用关联关系更好地挖掘威胁情报[17-20]。

另一方面,威胁情报基础设施节点的威胁类型标记效率低。识别基础设施节点的威胁类型不仅有利于细粒度的威胁警告,还能促进采取有目的的防御措施。然而,由于人工标记代价高昂,我们通常只有少量已标记威胁类型的基础设施节点——这些威胁类型标签通常由情报公司或者安全分析师给出[3]。因此,如何利用少量的有标签节点和丰富的节点关系,自动且准确地识别威胁情报中基础设施节点的威胁类型进行预警是一个重要挑战。

本章针对上述两个问题进行研究,主要内容为:首先,设计了一个威胁情报元模式来描述基础设施节点的语义关联,在异质信息网络(HIN)上建立网络威胁情报模型,将各类基础设施节点进行集成,并在节点之间建立丰富的关系;其次,定义了一种基于元路径和元图的威胁基础设施相似度度量方法,提出了一种基于元路径和元图实例的异质图卷积网络方法来识别威胁情报中涉及的基础设施节点的威胁类型[44];最后,基于真实数据集的实验证明了所提方法在基础设施节点的威胁类型识别中的有效性。值得注意的是,由于从非结构化情报数据(如安全技术报告)中提取结构化情报数据是另一个重要的研究方向[21-22],在本章中我们只考虑结构化的威胁情报数据。

6.2 系统模型与问题描述

网络威胁情报的定义和描述已经受到学术界的广泛关注,包括网络安全领域、数据挖掘领域等[2-23]。尽管已有多种威胁情报的表示方式,如 STIX 等,但其注重威胁情报的描述,而不利于计算。因此,本节提出一种威胁情报异质信息网络的构建方式。首先本节给出与本章内容相关的几个相关概念,其次介绍基于异质信息网络的威胁情报建模,最后介绍模型的系统架构。

6.2.1 相关概念

通常,网络攻击者充分利用网络基础设施(如域名、IP 地址)来实施网络攻击。

以僵尸网络为例,一个僵尸网络是互联网关联的被恶意软件感染的主机的集合,这些主机被一个称为Bot-master(僵尸主控机)的主控服务器远程控制,僵尸主控机窃取这些主机的隐私数据,发送垃圾邮件,发起分布式拒绝服务攻击等。根据威胁情报疼痛金字塔模型[17]可知,有六种威胁指示器可以识别攻击行为。金字塔的下面三层分别是Hash值、IP地址、域名,这些威胁指示器可以为网络安全设备(如IDS、防火墙、垃圾邮件过滤器)所使用。通过威胁情报共享平台提供的API,我们可以获得大量的威胁对象相关的威胁情报,包括恶意软件Hash、IP地址和域名的威胁情报数据。

定义6.1(网络威胁基础设施节点[7]) 由于网络攻击者通常充分利用网络资源来执行网络攻击活动,我们定义网络威胁基础设施节点,包括域名、IP地址、恶意软件Hash和邮箱地址。

从情报提供商获取的情报通常是恶意软件Hash、恶意IP地址、恶意域名等基础情报。因此,我们只考虑这些基础情报,并将其表示为异质信息网络。图6-1中的节点表示网络威胁基础设施节点,例如,域名节点、IP地址节点、恶意软件Hash节点和邮箱地址节点。在本章中,我们将探讨如何使用异质信息网络进行网络威胁情报挖掘。

定义6.2(异质信息网络[24]) 一个异质信息网络是一个图,记为$G=(V,E)$,包含一个节点类型映射$\phi:V \to A$和一个关系类型映射$\psi:\varepsilon \to R$。其中,V表示节点集合,E表示关系集合,A表示节点类型集合,R表示关系类型集合。节点类型个数大于1(即$|A|>1$)或者关系类型个数大于1(即$|R|>1$)。

图6-1给出了两个威胁情报相互关联的例子。威胁情报实例涉及多种基础设施节点,基础设施节点之间相互关联。给定一个复杂的异质信息网络,为了更好地理解网络中的节点类型和关系类型,需要给出其元级别(也就是模式级别)的描述。因此,我们给出元模式/网络模式(Meta-schema/Network schema)的概念来描述网络的元结构。

定义6.3(元模式/网络模式) 元模式是具有节点类型映射$\phi:V \to A$和节点关系类型映射$\psi:\varepsilon \to R$的异构网络$G=(V,E)$(即G是一个定义在节点类型A上的有向图,它的边为R中的关系)的元模板,记为$T_G=(A,R)$。

图6-2描述了威胁情报异质信息网络模型。图6-2(a)表示威胁情报异质信息网络中有四种类型的节点,分别是域名(D)、IP地址(I)、恶意软件Hash(M)和邮

箱地址(E)。图 6-2(b)表示威胁情报异质信息网络中有四种类型的节点和五种类型的关系(五种点线记为 R、S、G、C、N)。图 6-2(c)表示威胁情报异质信息网络的元模式。图 6-2(d)给出了 HinCTI 模型中的几个元路径和元图的实例,描述了威胁基础设施节点之间的高阶语义关系。

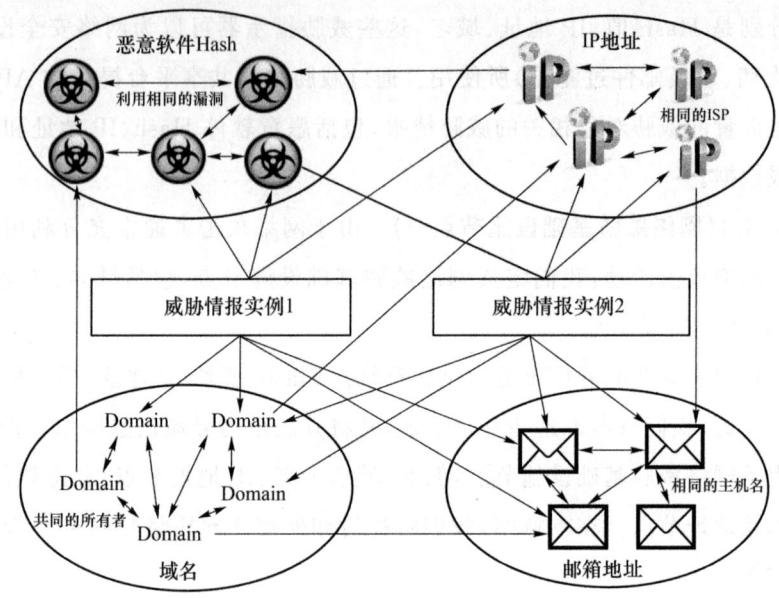

图 6-1 威胁情报相互关联的示意图

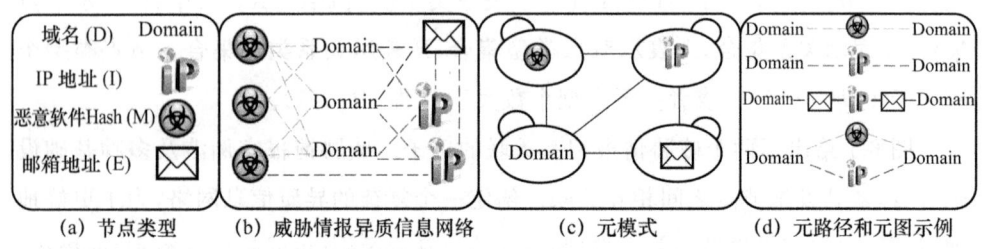

图 6-2 网络威胁情报异质信息网络模型

如前文所述,在异质信息网络中,两个节点可以通过不同的路径相连接。例如,两个域名之间的路径可以是"域名—恶意软件 Hash—域名",也可以是"域名—IP 地址—域名"等。形式化地,这些路径都被称为元路径(Meta-path),定义如下:

定义 6.4(元路径[24]) 元路径 P 是在元模式 $T_G=(A,R)$ 图上的一条路径,路径的形式为 $A_1 \xrightarrow{R_1} A_2 \xrightarrow{R_2} \cdots \xrightarrow{R_d} A_{d+1}$,定义了类型 A_1 和类型 A_{d+1} 之间的复合关系 $R=R_1 \circ R_2 \circ \cdots \circ R_d$。其中,数学符号 ° 表示关系上的复合运算,字母 d 表示元路径

P 的路径长度。

通常,一条元路径表示元模式中的一类路径,是由节点类型组成的序列。简单起见,当任意类型之间只有一种关系时,我们将以逗号作为间隔的类型序列表示元路径,即 $P=(A_1,A_2,\cdots,A_{d+1})$。如果 $\forall l, \phi(v_l)=A_l$,并且每个关系 $e_l=\langle v_l,v_{l+1}\rangle$ 属于 P 中的一个关系 R_l,那么,网络 G 中 v_l 和 v_{l+1} 间的路径 $p=(v_1,v_2,\cdots,v_{l+1})$ 符合元路径 P。我们称这些路径 p 为元路径 P 的路径实例,记作 $p\in P$。在 6.3.2 节中我们将介绍更多描述节点之间关系的语义丰富的元路径。

不同的研究对于"威胁类型识别"的定义不尽相同,同时各个子领域对"威胁类型"的定义也不尽相同。在此,我们给出本章关于"威胁类型识别"的定义[25]。

定义 6.5(威胁类型识别) 对于威胁情报中没有标签的威胁基础设施节点,借助有标签的基础设施节点及所有节点之间的关系,威胁类型识别能够通过基于威胁情报异质图的威胁类型识别模型识别出节点的威胁类型。

在威胁情报平台,有大量没有威胁标签的基础设施节点,这对情报平台的用户来说情报是不完整的。因此,借助有标签的威胁基础设施节点及大规模威胁情报中所有节点之间的关联关系,识别出无标签的节点的威胁类型标签显得尤为重要。

6.2.2 基于异质信息网络的威胁情报建模

通常,不同的情报源可以帮助我们从不同的角度刻画网络威胁基础设施。例如,域名节点不仅可以从商业情报源(如 IBM X-Force Exchange 平台、微步在线情报平台)获得,也可以从域名相关的数据集获得(如 PDNS 数据集、域名黑名单)。问题通常不在于情报缺乏,而在于将威胁情报片段整合成威胁情报全景图的能力。面对日益复杂的网络攻击,对威胁情报进行建模将有多方面的优势[1,7,26]。这不仅有利于获得快速演变的网络威胁场景的全景图,还有利于揭示特定网络攻击背后的潜在组织。

一条基础威胁情报通常指的是网络威胁相关的证据,包含不同类型的威胁基础设施——恶意域名、恶意 IP 地址、恶意软件 Hash、恶意邮箱地址。我们称这些威胁基础设施个体为威胁基础设施节点。同时,这些节点之间存在多种关系,包括相同类型节点之间的关系以及不同类型节点之间的关系,也就是域名之间的关系、

IP 地址之间的关系、恶意软件 Hash 之间的关系、邮箱地址之间的关系以及不同类型节点之间的关系。我们称这些关系为威胁基础设施关系。

为了构造威胁情报异质信息网络,通过威胁情报提供商(包括开源情报社区,如 IoC Bucket[27],以及商业威胁情报服务提供商,如微步在线 ThreatBook)提供的 API,我们可以得到不同类型节点(即域名、IP 地址、恶意软件 Hash、邮箱地址)之间的关系(即域名-IP 地址、域名-恶意软件 Hash、IP-恶意软件 Hash、域名-邮箱地址、邮箱地址-恶意软件 Hash 和 IP-邮箱地址)。对于相同类型节点之间的关系,我们从各种不同的外部源中获取。如图 6-1 所示,两个域名之间的直接关系可以通过域名相关的服务获得,例如,从 Whois[28] 数据集中得到两个域名之间的共同拥有者(co-owner)关系、共同机构(co-organization)关系、其域名服务器位置相同(co-location of DNS)的关系、共同的注册者(co-registrar)关系。两个 IP 地址之间的关系可以通过 IP 相关的服务富化,例如,从 IP2Location 服务得到两个 IP 地址的因特网服务提供商(Internet Service Providers, ISP)相同的关系。两个恶意软件 Hash 地址之间的关系可以通过开源恶意软件分析工具进行富化,例如,从通用漏洞披露数据库中得到利用相同漏洞的关系。两个邮箱地址之间的直接关系可以通过具有相同的主机名等来富化。

从威胁情报实例和外部数据源提取威胁基础设施节点及其关系之后,我们就可以构建如图 6-1 所示的威胁情报异质图,其包含四类威胁基础设施节点(域名、IP 地址、恶意软件 Hash、邮箱地址)及其关系。威胁情报可以被视为一组威胁基础设施节点及其关系。因此,一条威胁情报可以被视为整个威胁情报异质图的子图。异质信息网络的一个重要特点就是基于节点类型定义的元路径,元路径能反映语义丰富的相似度,从而能够为威胁情报建模提供可解释的结果。例如,两个域名之间的关系可以通过元路径 Domain-Malware-Domain 描述——两个域名被同一个恶意软件访问,也可以通过元路径 Domain-Email-Domain 描述——两个域名被同一个邮箱地址注册。

6.2.3 HinCTI 的系统架构

本章所提出的威胁情报建模和基于异质信息网络的威胁识别系统称为 HinCTI,其系统架构图 6-3 所示,包括以下四个模块。

第 6 章 | 基于异质图卷积网络的威胁类型智能识别

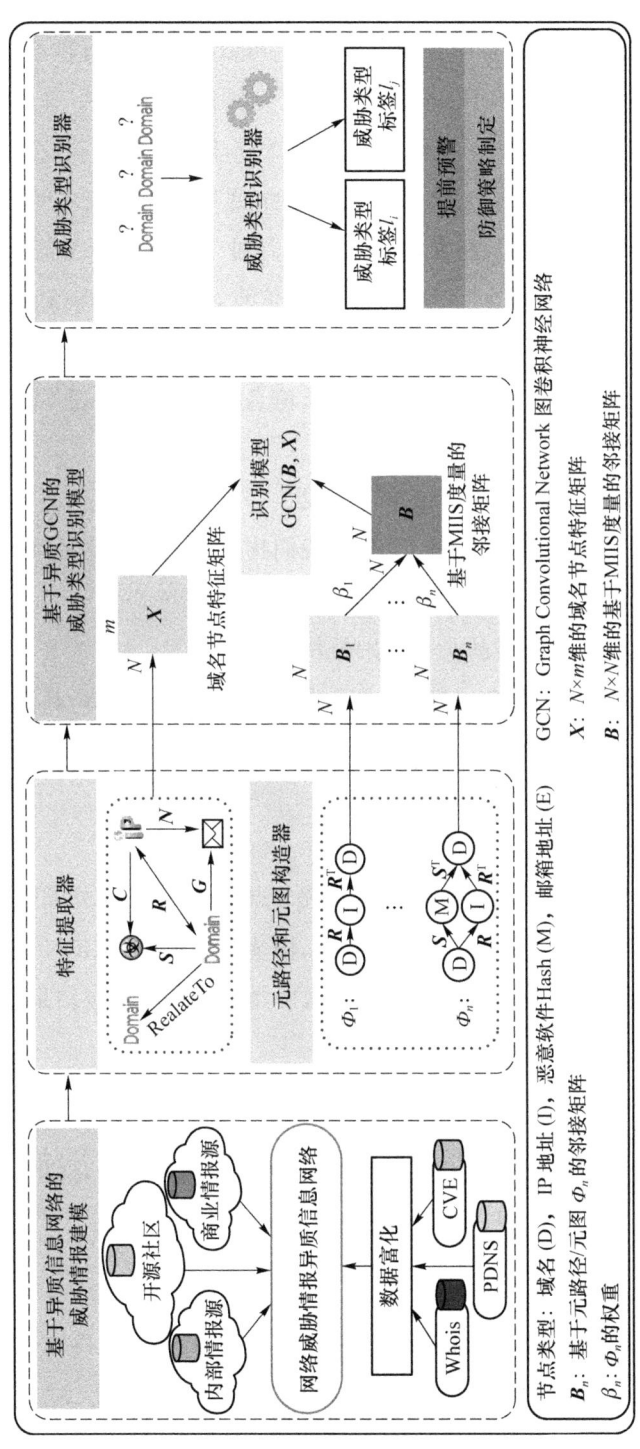

图6-3 HinCTI的系统架构图

(1) 基于异质信息网络的威胁情报建模

借助威胁情报提供商提供的各种 API,我们可以获取大量有价值的威胁情报,包括大量威胁节点及其关系。在网络威胁情报异质信息网络中,节点关联的上下文信息越丰富,越有利于威胁情报分析。因此,为了丰富图中基础设施节点的上下文信息,我们从外部数据集中提取信息用于建立更丰富的节点之间的连接关系。例如,借助 Whois 数据集来丰富域名节点和 IP 地址节点的上下文信息,借助 CVE 数据集来丰富恶意软件 Hash 节点的上下文信息,借助 PDNS(Passive Domain Name System,被动域名系统)数据集来丰富域名节点和邮箱地址节点的上下文信息。通过这种方法,我们构造了威胁情报异质信息网络,用于描述不同类型的基础设施节点之间的关系。

(2) 特征提取器以及元路径和元图构造器

基于威胁情报异质信息网络的元模式,我们构造了一套元路径和元图,并从不同语义的角度刻画了节点之间的高阶语义。

(3) 基于异质 GCN 的威胁类型识别模块

我们首先提取基础设施节点特征,并且生成节点特征矩阵 X;其次基于元图的邻接矩阵被聚合,得到加权邻接矩阵 B;最后利用异质 GCN 来融合 X 和 B,从而学习网络威胁基础设施节点的威胁类型。

(4) 威胁类型识别模块

对于威胁类型未知的节点,我们首先提取节点特征,然后从外部数据源获取与节点相关的节点及关系。基于所提取的特征,构造的基于异质 GCN 的威胁类型识别模型,威胁类型识别模块将判定出节点的威胁类型。基于判定结果,安全分析师能够进行提前安全预警,并制定防御策略。

6.3 基于异质图卷积网络的基础设施节点威胁类型智能识别

本节将首先介绍特征提取,其次介绍元路径和元图的构建,再次介绍基于异质 GCN 的威胁类型智能识别方法,最后描述如何使用分层正则化缓解过拟合问题。相比其他类型的威胁情报,域名威胁情报更稳定有效。因此,在下文中我们将尤其关注域名的威胁类型识别。在详细介绍本章所提模型之前,先列出本章用到的数学符号及其含义描述,如表 6-1 所示。

表 6-1 本章用到的符号及其含义描述

符号	含义描述
X	基础设施节点的特征矩阵
m	基础设施节点特征的维度
N	基础设施节点的个数
$\varPhi$	元路径和元图的集合 $\varPhi=\{\varPhi_k \mid k=1,2,\cdots,n\}$
v_i	第 i 个基础设施节点
$\mathrm{NumP}_{\varPhi_k}(v_i,v_j)$	基础设施节点 v_i 和 v_j 之间的在 $\varPhi_k$ 下的元路径元图实例个数
$\mathrm{MIIS}(v_i,v_j)$	基础设施节点 v_i 和 v_j 之间的基于元路径元图实例的相似度
B_k	基于元路径元图 $\varPhi_k$ 的邻接矩阵
β	集合 $\varPhi$ 的权重向量,$\beta=[\beta_1,\beta_2,\cdots,\beta_n]$,其中 β_k 是 $\varPhi_k$ 的权重
B	基于 MIIS 度量的邻接矩阵
$U_{\varPhi_k}$	$\varPhi_k$ 下的转移矩阵
L	威胁类型集合,$L=\{l_i \mid i=1,2,\cdots K\}$,$K$ 是威胁类型的个数
L_i	l_i 的子威胁类型集合,$L_i=\{l_i^{(j)} \mid j=1,2,\cdots,K_i\}$,$l_i^{(j)}$ 是 l_i 的第 j 个子威胁类型,K_i 是 l_i 的子威胁类型个数
W	GCN 模型的最后一输出层的标签的参数向量,$W=[w_{l_1},w_{l_2},\cdots,w_{l_K}]$,$w_{l_i}$ 是威胁类型 l_i 对应的参数

6.3.1 特征提取

(1) 域名节点特征

域名的平均长度、域名字符分布信息熵、域名存活时间、域名更新频率等都是域名节点特征。攻击者常使用域名来保持与服务器之间的通信,恶意域名的很多特征与正常域名的不同。合法的网站所有者通常选择简洁的名字作为域名以便于用户记住,但是恶意域名通常由域名生成算法(Domain Generation Algorithm,DGA)自动批量生成。因此,恶意域名的平均长度比正常域名的长[27]。另外,域名中的字符数字分布的信息熵刻画了字符分布的混乱程度,信息熵的值越大,字符的分布越混乱[28]。基于 Domain-Flux 的恶意域名的字符分布通常是混乱的[28]。因此,在域名基础设施节点的威胁类型识别中,我们选取域名的长度和信息熵作为域名的字符特征。通常,恶意域名的生存时间通常较短[29]。一旦域名被列入黑名单,攻击者将迅速注册新域名用于攻击。因此,我们定义域名的生存时间为 Whois 数据集中域名的失效时间和注册时间的差值,并以天为单位计数。另外,若合法域名频繁地被用户质疑,域名拥有者会实时更新域名的 Whois 信息使域名正常地工作。然而,恶意域名的拥有者几乎从不更新其 Whois 信息。因此,可以将域名的生存时间和 Whois 信息更新频率作为特征。

(2) 基于关系的特征

仅仅依赖节点特征只能检测出一部分恶意域名。域名与恶意软件之间的通信关系能为恶意域名检测提供更重要的证据。相比简单的统计数据,节点关系的提取将提供更高阶的表示,攻击者需要更多的时间和精力躲避恶意域名检测。另外,为躲避该类检测,攻击者将减少与恶意软件、域名、IP 的通信次数,这无疑将大大减少攻击者的攻击范围。因此,为了分析日益复杂的恶意域名,我们不仅考虑节点特征,也考虑如表 6-2 所示的关系矩阵,其中"元素"表示相应关系矩阵中的元素。

表 6-2 关系矩阵的描述

关系矩阵	元素	描述
R	r_{ij}	若 $domain_i$ 被解析到 IP_j,则 $r_{ij}=1$;否则 $r_{ij}=0$
S	s_{ij}	若 $domain_i$ 被 $Malware_j$ 访问,则 $s_{ij}=1$;否则 $s_{ij}=0$
G	g_{ij}	若 $domain_i$ 被 $Email_j$ 注册,则 $g_{ij}=1$;否则 $g_{ij}=0$
C	c_{ij}	若 IP_i 与 $Malware_j$ 通信,则 $c_{ij}=1$;否则 $c_{ij}=0$
N	n_{ij}	若 IP_i 与 $Email_j$ 通信,则 $n_{ij}=1$;否则 $n_{ij}=0$

① R:为了表示域名与其解析的 IP 地址之间的关系,我们构建了域名-IP 地址关系矩阵 R,其中第 i 行、第 j 列的元素 r_{ij} 表示域名 $domain_i$ 是否解析到 IP 地址 IP_j。

② S:为了表示恶意软件和域名之间的关系,我们构建了域名-恶意软件关系矩阵 S,其中第 i 行、第 j 列的元素 s_{ij} 表示域名 $domain_i$ 是否被恶意软件 $Malware_j$ 访问。

③ G:为了表示恶意域名和邮箱地址之间的关系,我们构建了域名-邮箱地址关系矩阵 G,其中第 i 行、第 j 列的元素 g_{ij} 表示域名 $domain_i$ 是否被邮箱 $Email_j$ 注册。

④ C：为了表示 IP 地址与恶意软件之间的通信关系，我们构建了 IP 地址-恶意软件关系矩阵 C，其中第 i 行、第 j 列的元素 c_{ij} 表示 IP 地址 IP_i 是否与恶意软件 $Malware_j$ 通信。

⑤ N：为了表示 IP 地址与邮箱地址的通信关系，我们构建了 IP 地址-邮箱地址关系矩阵 N，其中第 i 行、第 j 列的元素 n_{ij} 表示 IP 地址 IP_i 是否与邮箱地址 $Email_j$ 通信。

6.3.2 元路径和元图设计

尽管元路径可以被用于描述节点之间的关系，但元路径不能表示更复杂的节点关系。因此，为了处理更复杂的节点关系，学者们提出了元图（Meta-graph）[30]这一概念，用于描述有向非循环图，定义如下。

定义 6.6（元图） 在异质信息网络 $G=(V,E)$ 中的一个有向非循环图，其元模式为 $T_G=(A,R)$，且只具有唯一的头节点和唯一的尾节点。

如图 6-4 所示，不同的元路径和元图从不同的方面描述了节点之间的关系，即不同的元路径和元图传达了不同的语义。例如，元路径 Φ_1 表示了两个域名通过域名-IP 地址关系构建了联系，即表示两个域名被解析到了同一个 IP 地址。元图 Φ_{11} 表示了两个域名之间存在多种关联关系，不但同时与同一个恶意软件通信，而且两者解析到的 IP 地址同时与某个恶意软件和某个邮箱通信。

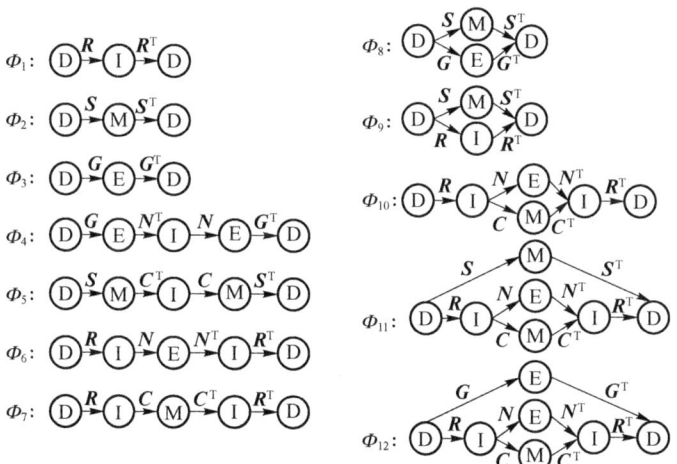

图 6-4 元路径和元图

在基础设施节点的威胁类型智能识别任务中,为描述基础设施节点之间的复杂关系,我们同时考虑元路径和元图。由于不同的元路径和元图能从不同的角度描述节点关系,同时考虑元路径和元图将比单纯地考虑元路径或单纯地考虑元图更具有描述力度。依据网络模型列举的元路径和元图的语义越丰富,相似性度量就越准确。在此,为了识别域名基础设施节点的威胁类型,根据图6-2(c)中的元模式和网络安全的领域知识,我们设计了如图6-4所示的12条具有不同语义的元路径和元图,即$\Phi_1 \sim \Phi_{12}$。

6.3.3 基于异质图卷积网络的威胁类型智能识别方法

在提取基础设施节点的特征并设计了具有语义的元路径和元图之后,本小节介绍如何同时融合节点特征和基于元路径/元图的相似矩阵关系来构造异质GCN。在介绍基于元路径/元图的实例的基础设施节点相似度之前,本小节首先给出路径Φ_k下的元路径/元图个数的定义,并将其记为NumP_{Φ_k}。

定义6.7(元路径/元图的路径实例个数) 给定一条对称元路径或图Φ_k,节点v_i和v_j在Φ_k下的路径实例个数$\text{NumP}_{\Phi_k}(v_i, v_j)$可被定义为

$$\text{NumP}_{\Phi_k}(v_i, v_j) = U_{\Phi_k}(v_i, v_j) \tag{6-1}$$

其中,U_{Φ_k}是域名节点在Φ_k下的转移矩阵,$U_{\Phi_k}(v_i, v_j)$是矩阵U_{Φ_k}的第i行、第j列的元素值。

对于元路径$\Phi_k = (A_1, A_2, \cdots, A_{d+1})$,其节点类型$A_1$和$A_{d+1}$之间的转移矩阵可以表示为

$$U_{\Phi_k} = Q_{A_1 A_2} \cdot Q_{A_2 A_3} \cdot \cdots \cdot Q_{A_d A_{d+1}} \tag{6-2}$$

其中,$Q_{A_i A_{i+1}}$是节点类型A_i和A_{i+1}之间的转移矩阵,符号·表示矩阵乘法。然而,相比元路径的转移矩阵的计算,元图的转移矩阵的计算相对复杂。以图6-4中的元图Φ_{10}为例,从源节点域名D到目的节点域名D有两条路径,分别是路径D→I→E→I→D和D→I→M→I→D。在路径D→I→E→I→D中,子路径I→E→I表示两个IP地址关联了相同的邮箱地址而具有一定的相似性。在D→I→M→I→D中,子路径I→M→I表示两个IP地址与同一个恶意软件通信而具有一定的相似性。受文献[25]启发,当源节点到目的节点之间存在多条路径时,我们约定一个流经所有路径,并定义一个基于元路径的相似性,这不仅需要简单的矩阵乘法,还需要额

外的矩阵操作,即 Hadamard 积(哈达玛积)。以图 6-4 中的元图 Φ_{10} 为例,**算法 6-1** 给出了元图 Φ_{10} 的转移矩阵的计算流程。其中,"·"表示矩阵乘法,"⊙"表示 Hadamard 积,$\boldsymbol{N}$、$\boldsymbol{C}$、$\boldsymbol{R}$ 分别表示 IP-email、IP-malware、domain-IP 关系矩阵。得到 $\boldsymbol{U}_{P_r}$ 之后,再通过矩阵连乘就可以得到元图 Φ_{10} 的转移矩阵。实际上,图 6-4 中的所有元路径和元图的转移矩阵都可以通过矩阵乘法和 Hadamard 积计算得出。

算法 6-1　元图 Φ_{10} 的转移矩阵 $\boldsymbol{M}_{\Phi_{10}}$ 的计算

1:计算 $\boldsymbol{U}_{P_1} = \boldsymbol{Q}_{\mathrm{IE}} \cdot \boldsymbol{Q}_{\mathrm{IE}}^{\mathrm{T}} = \boldsymbol{N} \cdot \boldsymbol{N}^{\mathrm{T}}$,其中 P_1 是子路径 I→E→I

2:计算 $\boldsymbol{U}_{P_2} = \boldsymbol{Q}_{\mathrm{IM}} \cdot \boldsymbol{Q}_{\mathrm{IM}}^{\mathrm{T}} = \boldsymbol{C} \cdot \boldsymbol{C}^{\mathrm{T}}$,其中 P_2 是子路径 I→M→I

3:计算 $\boldsymbol{U}_{P_r} = \boldsymbol{U}_{P_1} \odot \boldsymbol{U}_{P_2}$

4:计算 $\boldsymbol{U}_{\Phi_{10}} = \boldsymbol{Q}_{\mathrm{DI}} \cdot \boldsymbol{U}_{P_r} \cdot \boldsymbol{Q}_{\mathrm{DI}}^{\mathrm{T}} = \boldsymbol{R} \cdot \boldsymbol{U}_{P_r} \cdot \boldsymbol{R}^{\mathrm{T}}$

在 6.3.2 节中,我们设计了 12 条包含多种类型的节点和关系的元路径和元图 $\Phi_1 \sim \Phi_{12}$。由于不同的元路径和元图能够定义不同的相似度并且具有不同的高阶语义,所以我们利用所有有价值的元路径和元图来识别基础设施节点的威胁类型。然而,对于不同的元路径和元图,它们的重要性不同。同等对待不同的元路径和元图会弱化语义丰富的元路径和元图的语义表达。例如,域名 D_1 可以通过元路径 $D_1 \rightarrow E_1 \rightarrow D_2$ 与域名 D_2 建立连接(域名 D_1 和 D_2 都通过邮箱 E_1 注册),域名 D_1 也可以通过元路径 $D_1 \rightarrow M_1 \rightarrow D_3$ 与域名 D_3 建立连接(域名 D_1 和 D_3 都曾被恶意软件 M_1 访问)。在节点的威胁来源更为重要的情况下,元路径 D→E→D 的重要性强于元路径 D→M→D。然而,当节点的威胁行为更为重要的情况下,两条元路径的相对重要性将完全相反。由于不同的元路径和元图以不同的方式描述基础设施节点之间的相关性,为更好地利用元路径和元图的互补性,我们提出基于元路径和元图的加权邻接矩阵来组合不同的语义。我们定义基础设施节点 v_i 和 v_j 之间的基于元路径和元图实例的节点相似度 $\mathrm{MIIS}(v_i, v_j)$。

定义 6.8(基于元路径和元图实例的基础设施节点相似度,MIIS)　给定一个元路径和元图集合 $\Phi = \{\Phi_k | k=1,2,\cdots,n\}$,两个基础设施节点 v_i 和 v_j 之间的基于元路径和元图实例的节点相似度记作 $\mathrm{MIIS}(v_i, v_j)$,可表达为

$$\mathrm{MIIS}(v_i, v_j) = \sum_{k=1}^{n} \beta_k \frac{2 \times \mathrm{NumP}_{\Phi_k}(v_i, v_j)}{\mathrm{NumP}_{\Phi_k}(v_i, v_i) + \mathrm{NumP}_{\Phi_k}(v_j, v_j)} \quad (6-3)$$

其中：$\text{NumP}_{\Phi_k}(v_i,v_j)$ 表示基础设施节点 v_i 和 v_j 在 Φ_k 下的路径实例个数；$\text{NumP}_{\Phi_k}(v_i,v_i)$ 表示 v_i 和 v_i 在 Φ_k 下的路径实例个数；$\text{NumP}_{\Phi_k}(v_j,v_j)$ 表示 v_j 和 v_j 在 Φ_k 下的路径实例个数；参数 β_k 表示 Φ_k 的权重且满足 $\beta_k \geqslant 0$，$\sum_{k=1}^{n}\beta_k = 1$。

可以看出，MIIS 度量是从两个方面进行定义：一方面是基础设施节点 v_i 和 v_j 之间路径实例个数定义的语义重叠；另一方面是基础设施节点自身之间路径实例个数（v_i 到 v_i 之间的路径个数，v_j 到 v_j 之间的路径个数）定义的语义宽度。权重向量 β 通过自动学习得到，并将多个基于元路径和元图的相似度整合起来。

在计算任意两个域名基础设施节点之间的基于 MIIS 度量的相似度之后，我们可以构建一个 $N \times N$ 维的矩阵 B，其中 N 是域名节点的个数，$B_{ij} = B_{ji} = \text{MIIS}(v_i, v_j)$。与此同时，根据 6.3.1 节介绍的域名特征提取，我们可以得到 $N \times m$ 维的域名特征矩阵 X，其中 m 是原始特征的个数。显然，基于特征矩阵 X 和邻接矩阵 B，我们可以利用两层 GCN[33] 模型来识别基础设施节点的威胁类型。其中，分类模型的标签就是基础设施节点的威胁类型标签。也就是说，GCN 模型的输入是 $B \in \mathbb{R}^{N \times N}$ 和 $X \in \mathbb{R}^{N \times m}$。我们首先计算 $\widetilde{B} = \widetilde{D}^{-\frac{1}{2}} \widehat{B} \widetilde{D}^{-\frac{1}{2}}$，其中 $\widehat{B} = B + I_N$，I_N 是单位矩阵，$\widetilde{D}$ 是对角矩阵且 $\widetilde{D}_{ii} = \Sigma_j \widehat{B}_{ij}$。那么，GCN 的前向传播采用以下形式：

$$Z = f(X, B) = \text{softmax}(\hat{B}\text{ReLU}(\hat{B}XW^{(0)})W^{(1)}) \tag{6-4}$$

其中，ReLU 表示激活函数 $\text{ReLU}(\cdot) = \max(0, \cdot)$，softmax 表示激活函数 $\text{softmax}(x_i) = e^{x_i} / \Sigma_i e^{x_i}$ 应用在矩阵行上，神经网络权重 $W^{(0)} \in \mathbb{R}^{m \times h}$ 是输入层到隐含层的权重矩阵，神经网络权重 $W^{(1)} \in \mathbb{R}^{h \times K}$ 是隐含层到输出层的权重矩阵，K 是威胁类型标签的种类数。两个权重矩阵都使用梯度下降法训练得到，在每个迭代中，我们使用整个数据集进行分批梯度下降，并通过 dropout[34] 策略实现训练过程的随机性。

给定一个已标记威胁类型的威胁基础设施节点集合 ξ，我们的模型可以优化真实标签分布和预测标签分布的交叉熵：

$$H = -\sum_{i \in \xi}\sum_{k=1}^{K}(l_k(v_i)\ln P_k(v_i) + (1-l_k(v_i))\ln(1-P_k(v_i))) \tag{6-5}$$

其中：ξ 表示已知威胁类型标签的域名基础设施节点集合；K 表示威胁类型标签的个数；$l_k(v_i)$ 是二进制数值，表示基础设施节点 v_i 是否属于标签 k；$P_k(v_i)$ 表示神经网络预测节点 v_i 属于标签 k 的概率。

6.3.4 分层正则化

如果我们简单地将每个标签作为一个独立的决策,那么公式(6-5)可以被直接用于训练神经网络。然而,威胁类型标签通常具有层次结构。图 6-5 给出了威胁类型标签层次结构的示意图,其中 R2L(Remote to Local attack)表示来自远程主机的非法访问,U2R(User to Root attack)表示普通用户对本地超级用户特权的非法访问。如图 6-5 所示,一个父标签包含多个子标签,父标签"未授权访问(R2L&U2R)"包含三个子标签"逆向工程攻击""账户劫持""数据外泄"。那么,引入节点之间的层次化依赖能够提高威胁类型识别的性能:当叶子标签(在层次关系中没有子标签的标签)只有少量训练样本时,类别决策可以通过其父标签来正则化。因此,受文献[35]启发,我们在 GCN 模型的输出层使用分层正则化。简言之,标签之间的分层依赖促使具有层次关系的标签具有相似的参数。例如,在图 6-5 中,标签"僵尸网络"和"命令和控制服务器"之间有层次关系,则这两个标签的参数应相似。

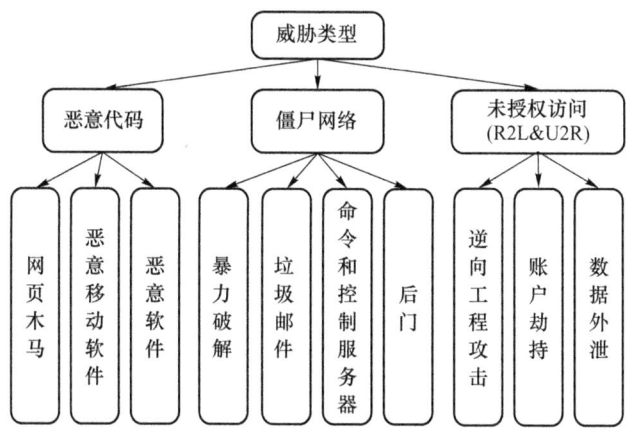

图 6-5 威胁类型标签的层次结构示例图

形式化地,我们用 $L=\{l_i|i=1,2,\cdots,K\}$ 表示威胁类型标签集合,其中 K 表示标签的个数。由于我们关注标签之间的层次化关系,我们用 $L_i=\{l_i^{(j)}|j=1,2,\cdots,K_i\}$ 表示标签 l_i 的子标签,其中 K_i 表示 l_i 的子标签的个数。我们用权重向量 $W=[w_{l_1},w_{l_2},\cdots,w_{l_K}]$ 作为 GCN 模型输出层的参数,其中 w_{l_i} 表示标签 l_i 在 GCN 模型输出层的参数。接着,我们使用以下分层正则策略来正则化输出层的参数:

$$\lambda(W) = \sum_{i=1}^{K} \sum_{j=1}^{K_i} \frac{1}{2} \| w_{l_i} - w_{l_i^{(j)}} \|^2 \tag{6-6}$$

最后,根据公式(6-5)和公式(6-6),带有分层正则项的损失函数可表示为下式:

$$J = H + C\lambda(W) \tag{6-7}$$

其中,C 是惩罚系数。

综上,HinCTI 的计算流程可以总结为**算法 6-2**。

算法 6-2 HinCTI 的计算流程

输入:异质信息网络 $G=(V,E)$,元路径和元图集合 $\Phi=\{\Phi_1,\Phi_2,\cdots,\Phi_n\}$,域名基础设施节点的特征矩阵 X,训练集中有标签的节点的集合 ξ,威胁类型标签集合 $L=\{l_i | i=1,2,\cdots,K\}$

输出:测试集中节点的威胁类型标签预测结果

1: **for** $\Phi_i \in \{\Phi_1,\Phi_2,\cdots,\Phi_n\}$ **do**
2:   应用公式(6-2)和**算法 6-1** 计算转移矩阵 U_{Φ_k}
3:   应用公式(6-1)计算元路径和元图实例的个数
4: **end for**
5: 应用公式(6-3)计算基于元路径和元图实例的基础设施节点相似度 $MIIS(v_i,v_j)$,并且得到 B
6: 应用公式(6-4)融合 X 和 B
7: 计算交叉熵 $H \leftarrow -\sum_{i \in \xi} \sum_{k=1}^{K} (l_k(v_i) \ln P_k(v_i) + (1-l_k(v_i)) \ln(1-P_k(v_i)))$
8: 计算分层正则项 $\lambda(W) \leftarrow \sum_{i=1}^{K} \sum_{j=1}^{K_i} \frac{1}{2} \| w_{l_i} - w_{l_i^{(j)}} \|^2$
9: 计算损失函数 $J \leftarrow H + C\lambda(W)$
10: 后向传播,并更新基于异质 GCN 的威胁类型识别模型的参数
11: **return** 测试集中节点的预测标签

6.3.5 复杂度分析

本章所提的 HinCTI 能够处理多种类型的基础设施节点及其关系,以异质信

息网络的形式融合了丰富的语义。通过不同的节点关系,信息从一种类型的节点流向另一种类型的节点。基于构建的威胁情报异质信息网络,丰富的语义能够增强基础设施节点的威胁类型识别性能。我们给出所提方法的计算复杂度。显然,对于 MIIS 度量而言,使用常规的方法计算元路径和元图中的多个矩阵连乘效率很低。然而,经典的矩阵连乘问题可以通过动态规划[36]进行优化。关于 GCN 训练,受文献[38]启发,我们使用稀疏稠密矩阵乘法,借助 TensorFlow[39] 对公式(6-4)进行了高效的基于 GPU 的实现。那么,公式(6-4)的计算复杂度是 $O(|\varepsilon|mhK)$,与图的边的个数 $|\varepsilon|$ 呈线性相关。

6.4 实验结果与分析

6.4.1 实验设置

1. 数据集

我们从两大主流威胁情报平台 IBM X-Force Exchange 平台和 VirusTotal 平台收集了真实数据,并根据 6.2.2 节介绍的方法进行数据富化。尽管收集到的数据中包含 1 269 333 个基础设施节点,但由于爬虫限制和数据稀疏性的原因,经数据预处理之后,我们仅得到 11 340 个基础设施节点。其中 10 833 个节点的威胁类型标签从威胁情报公司得到,其余的 507 个无标签的基础设施节点由三个安全研究人员通过第三方分析工具分析得到。表 6-3 给出了实验数据集的统计特征。

表 6-3 实验数据集

节点类型	训练集	验证集	测试集	类别的数量
域名	2 827	354	353	47
IP 地址	3 360	420	420	23
恶意软件 Hash	1 670	209	208	15
邮箱地址	1 215	152	152	3

2. 对比实验

我们使用以下基线方法与本章所提 HinCTI 进行对比,包括主流的网络表示学习方法和几个传统的威胁类型识别方法。

① Node2Vec[40]+SVM：一种面向同质图的基于随机游走的网络表示学习方法。在此，我们使用 $p=q=1$，并忽略节点的同质性，在整个异质图上应用 Node2Vec。

② Metapath2Vec[41]+SVM：一种异质图表示学习方法，进行基于元路径的随机游走，并使用 skip-gram。

③ HAN[42]+SVM：一种半监督异质图神经网络，同时考虑节点级注意力和语义级注意力，并分别计算节点和元路径的重要性。

④ HinCTI-：不考虑分层正则化的 HinCTI 模型。

3. 评估指标

为了量化不同方法的威胁类型识别性能，根据文献[38]，我们使用宏平均 Macro-F_1 和微平均 Micro-F_1 作为性能评估指标。性能评估中涉及的指标如表 6-4 所示。我们使用十折交叉验证并计算宏平均和微平均结果。宏平均先对每个类别单独计算 F_1，再计算这些 F_1 的算术平均值作为全局指标。用 TP_t，FP_t，FN_t 分别表示威胁类型标签集合 L 中的第 t 个标签的 true-positive, false-positive, false-negative。那么，宏平均的计算可以表示为

$$\begin{cases} \text{Macro-}F_1 = \dfrac{1}{|L|} \sum_{t \in L} \dfrac{2 \times \text{Precision}_t \times \text{Recall}_t}{\text{Precision}_t + \text{Recall}_t} \\ \text{Precision}_t = \dfrac{TP_t}{TP_t + FP_t}, \text{Recall}_t = \dfrac{TP_t}{TP_t + FN_t} \end{cases} \quad (6\text{-}8)$$

微平均的计算方式是先计算出所有类别总的 Precision 和 Recall，然后据此计算 F_1。那么，微平均的计算可以表示为

$$\begin{cases} \text{Micro-}F_1 = \dfrac{2 \times \text{Precision} \times \text{Recall}}{\text{Precision} + \text{Recall}} \\ \text{Precision} = \dfrac{\sum_{t \in L} TP_t}{\sum_{t \in L} TP_t + \sum_{t \in L} FP_t}, \text{Recall} = \dfrac{\sum_{t \in L} TP_t}{\sum_{t \in L} TP_t + \sum_{t \in L} FN_t} \end{cases} \quad (6\text{-}9)$$

基于上述实验设置，我们在 Ubuntu 18.04.2 系统上进行了基础设施节点的威胁类型识别实验。系统的配置为 Intel(R) Core i5-6600K，主频为 3.5 GHz，GPU 为 NVIDIA GeForce GTX 1080 Ti，软件平台是 TensorFlow-gpu 1.13.1，Python

的版本是3.7.3。

表6-4 性能评估中涉及的部分指标

指标	描述
TP_t	基础设施节点被正确分类到标签集 L 中第 t 个标签的节点数
FP_t	基础设施节点被错误分类到标签集 L 中第 t 个标签的节点数
FN_t	属于标签集 L 中第 t 个标签的基础设施节点被错误分类的节点数
$Precision_t$	$TP_t/(TP_t+FP_t)$
$Recall_t$	$TP_t/(TP_t+FN_t)$

6.4.2 不同元路径和元图的性能评估

基于6.4.1节介绍的数据集,我们将对不同元路径和元图(即 $\Phi_1 \sim \Phi_{12}$)的性能进行评估。在实验中,给定一个元路径或元图 Φ_k,我们计算基于 Φ_k 的MIIS度量,并利用分层正则化来缓解过拟合问题。表6-5展示了不同元路径和元图的识别性能结果。从表6-5中我们可以观察到以下内容。

① 在威胁类型识别任务中,由于不同的元路径和元图具有不同的语义,它们的威胁类型识别能力不尽相同。

② 一些元路径,如 Φ_4,在测试集中表现很好,而另一些元路径在测试集中表现不好,这是由于某些元路径的语义不能很好地反映基础设施威胁类型的识别效果。

③ 相比单纯基于元路径的方法,基于元图的方法在描述节点之间的复杂关系上更具表述力度,因此获得了更好的威胁类型识别效果:a.元图 Φ_{10} 整合了元路径 Φ_6 和元路径 Φ_7,元图 Φ_{10} 的性能同时超越了元路径 Φ_6 和元路径 Φ_7;b.元图(如 $\Phi_{10} \sim \Phi_{12}$)描述了节点之间的复杂关系,能够刻画节点之间的高阶语义,从而获得比元路径(如 $\Phi_1 \sim \Phi_3$)更好的性能结果。

我们将在下一小节探讨融合了不同的元路径和元图的方法的性能。

表6-5 不同元路径和元图的性能结果

元路径/元图	包含的元路径	Macro-F_1	Micro-F_1
Φ_1		0.7244	0.7646

续表

元路径/元图	包含的元路径	Macro-F_1	Micro-F_1
Φ_2		0.711 5	0.759 4
Φ_3		0.707 6	0.758 8
Φ_4		0.745 0	0.776 4
Φ_5		0.704 7	0.746 9
Φ_6		0.724 7	0.768 2
Φ_7		0.714 4	0.760 4
Φ_8	Φ_2,Φ_3	0.730 7	0.774 6
Φ_9	Φ_1,Φ_2	0.736 1	0.776 4
Φ_{10}	Φ_6,Φ_7	0.736 6	0.782 3
Φ_{11}	Φ_2,Φ_6,Φ_7	0.745 1	0.789 2
Φ_{12}	Φ_3,Φ_6,Φ_7	0.742 4	0.783 3

6.4.3 HinCTI 的性能评估

本小节将对本章所提的 HinCTI 进行评估,对比实验是几个典型的网络表示学习算法,包括 Node2Vec[43]+SVM、Metapath2Vec[41]+SVM、HAN[42]+SVM,以及没有使用分层正则化的 HinCTI 模型(记作 HinCTI-)。对于 Node2Vec,我们忽略威胁基础设施节点图中节点和边的异质性,直接使用 Node2Vec 对威胁基础设施节点图进行表示学习。对于 Metapath2Vec,我们测试了元路径 $\Phi_1 \sim \Phi_7$ 来指导随机游走并给出了最佳性能。对于基于随机游走的方法 Node2Vec 和 Metapath2Vec,我们设定窗口大小为 5,步长为 100,每个节点的步数为 500。为方便对比,我们采用文献[43]和文献[42]提供的实验过程,并根据文献[41]实现了算法。为对比公平,嵌入向量的维度设定为 64,然后将学习到的节点特征作为 SVM 算法的输入,从而对节点的威胁类型进行分类。

我们随机选择了一部分样本(从 10% 到 80% 的样本)作为训练集,10% 的样本作为验证集,10% 的样本作为测试集。图 6-6 展示了 HinCTI 和其他方法在威胁类型识别上的实验结果。整体上,本章所提出的 HinCTI 方法在性能指标 Macro-F_1 和 Micro-F_1 上要优于所对比的典型网络表示方法,在 Macro-F_1 上提高了 4%~

11%,在 Micro-F_1 上提高了 3%～10%。也就是说,相比典型网络表示学习算法,所提的 HinCTI 方法能更好地识别节点的威胁类型。HinCTI 的优势不仅在于其合理利用了异质信息网络的异质属性——考虑了威胁情报基础设施节点图中的不同类型的节点和不同类型的边,还在于基于元路径和元图的基础设施节点相似度的计算。

另外,从表 6-5 和图 6-6 中可知,相比那些仅仅基于元路径或者仅仅基于元图的方法,本章所提出的 HinCTI 方法有效地融合了元路径和元图,并且对节点的高阶语义进行学习,能够显著提高威胁基础设施节点的威胁类型识别性能——在 Macro-F_1 和 Micro-F_1 上提高了 6% 以上。

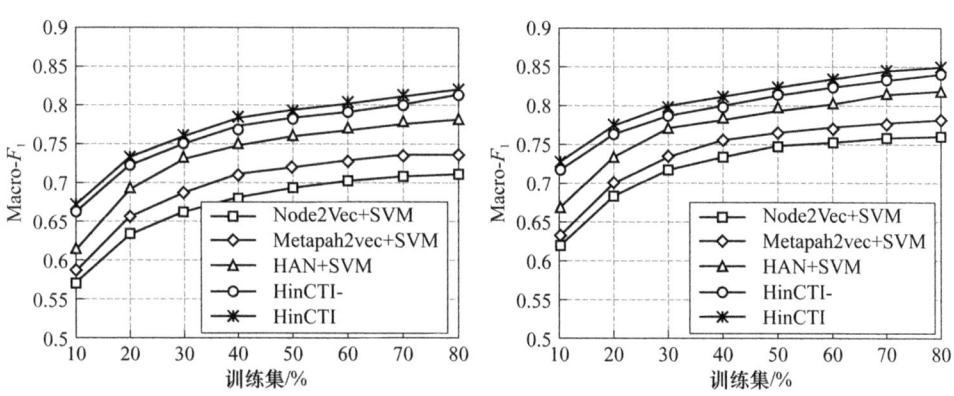

图 6-6 不同的威胁类型识别方法的性能结果对比图

6.4.4 HinCTI 与传统分类算法的比较

在本小节中,我们将 HinCTI 与其他四种传统的分类算法进行比较,分别是朴素贝叶斯(Naive Bayes,NB)算法、决策树(Decision Tree,DT)算法、支持向量机(Support Vector Machine,SVM)算法和 K 近邻(K-Nearest Neighbors,KNN)算法。在 NB-1、DT-1、SVM-1、KNN-1 中,我们使用 6.3.1 节中的节点原始特征作为算法的输入;在 NB-2、DT-2、SVM-2、KNN-2 中,我们使用所有异质信息网络相关的节点和关系作为算法的输入。所有算法均通过 Python 实现,并调节参数至最佳性能。在 SVM 中,我们使用 Scikit-learn 包中的 GridSearchCV 来获得模型的最佳参数组合。

图 6-7 展示了实验结果。从图 6-7 中我们可以看出:所提出的 HinCTI 的性

能超越了现有的几个传统分类算法。相比 SVM-1 的性能结果,SVM-2 在 Macro-F_1 上提高了 5%~7%,在 Micro-F_1 上提高了 4%~7%。类似地,相比 KNN-1 的性能结果,KNN-2 在 Macro-F_1 上提高了 4%~6%,在 Micro-F_1 上提高了 6%~7%。

另外,相比 SVM-2 和 KNN-2 的性能结果,本章所提的 HinCTI 的性能在 Macro-F_1 上高了 10%~21%,在 Micro-F_1 上高了 11%~19%。这表明 HinCTI 的性能远超本章所对比的基线算法。究其原因可知,传统分类算法的输入只是简单的特征,即简单特征的简单组合,但在 HinCTI 中,我们考虑了节点之间的高阶语义关系。这表明,为识别日益复杂的威胁基础设施节点的威胁类型,基于元路径和元图的 HinCTI 能够建立节点之间的高阶语义关系,从而达到更好的识别性能。

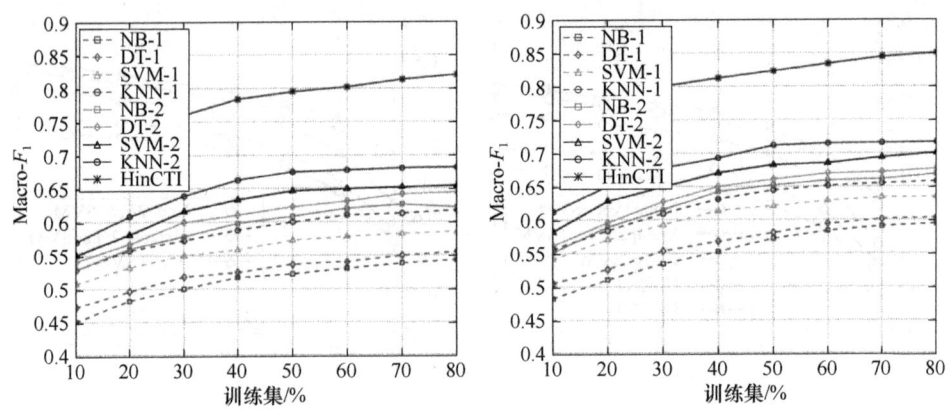

图 6-7 HinCTI 与传统识别算法的性能比较

6.4.5 HinCTI 在其他类型节点上的性能

本章所提的威胁基础设施节点的威胁类型识别方法具有通用性,不仅能用于威胁情报中涉及的域名节点,还能用于 IP 地址节点、恶意软件 Hash 节点、邮箱地址节点等其他类型的节点。其他类型节点的威胁类型识别结果如图 6-8 所示。从图 6-8 可知,本章所提的 HinCTI 整体上在 Macro-F_1 上提高了 6%~8%,在 Micro-F_1 上提高了 6%~7%。

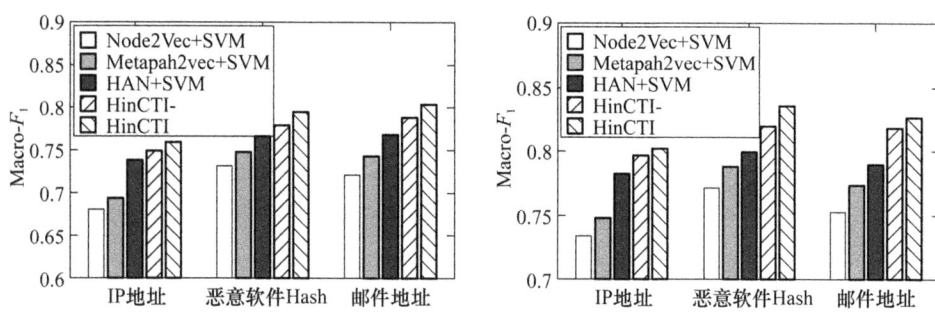

图 6-8　HinCTI 在其他类型节点上的识别性能

6.5　本章小结

威胁情报异质信息图的构建有利于挖掘更多有价值的信息,从而形成网络安全态势感知。首先,本章基于元路径和元图,从计算的角度提出了一种基于异质信息网络的威胁情报建模方法。通过基于异质信息网络的威胁情报建模,所提框架不仅能够以语义丰富的方式融合威胁情报中涉及的基础设施节点(包括域名节点、IP 节点、恶意软件 Hash 节点、邮箱地址节点)及其关系,还能提取和融合节点之间的高阶语义。其次,本章定义了基于元路径和元图实例的基础设施节点相似度(记作 MIIS)度量,提出了基于 MIIS 度量的异质图卷积网络方法来识别基础设施节点的威胁类型,并通过分层正则化缓解了过拟合问题。最后,基于 IBM X-Force Exchange 平台真实数据集对所提机制进行评估,实验结果验证了所提机制在节点威胁类型识别任务中的有效性。本章研究同时也促进了网络安全领域在局部或不完整数据上的研究。

参 考 文 献

[1] LEE S, CHO H, KIM N, et al. Managing cyber threat intelligence in a graph database: methods of analyzing intrusion sets, threat actors, and campaigns[C]//2018 International Conference on Platform Technology and

Service (PlatCon). Jeju, Korea. IEEE, 2018: 1-6.

[2] BÖHM F, MENGES F, PERNUL G. Graph-based visual analytics for cyber threat intelligence[J]. Cybersecurity, 2018, 1(1): 16.

[3] NOOR U, ANWAR Z, MALIK A W, et al. A machine learning framework for investigating data breaches based on semantic analysis of adversary's attack patterns in threat intelligence repositories[J]. Future Generation Computer Systems, 2019, 95: 467-487.

[4] SHI C, LI Y T, ZHANG J W, et al. A survey of heterogeneous information network analysis[J]. IEEE Transactions on Knowledge and Data Engineering, 2017, 29(1): 17-37.

[5] ZENG Y F, LI Z X, CHEN Z B, et al. Aspect-level sentiment analysis based on semantic heterogeneous graph convolutional network[J]. Frontiers of Computer Science, 2023, 17(6): 176340.

[6] ZOU Y, FANG Z H, WU Z H, et al. Revisiting multi-view learning: a perspective of implicitly heterogeneous graph convolutional network[J]. Neural Networks, 2024, 169: 496-505.

[7] BOUKHTOUTA A, MOUHEB D, DEBBABI M, et al. Graph-theoretic characterization of cyber-threat infrastructures[J]. Digital Investigation, 2015, 14: S3-S15.

[8] MANADHATA P K, YADAV S, RAO P, et al. Detecting malicious domains via graph inference[C]//Proceedings of the European Symposium on Research in Computer Security. Springer, 2014: 1-18.

[9] NADJI Y, ANTONAKAKIS M, PERDISCI R, et al. Connected colors: unveiling the structure of criminal networks[C]// Research in Attacks, Intrusions, and Defenses. Berlin, Heidelberg: Springer Berlin Heidelberg, 2013: 390-410.

[10] WANG X, LU Z, JIANG Z, et al. Poster: an approach to verifying threat intelligence based on graph propagation[C]//Proceedings of the 39th IEEE Symposium on Security and Privacy. IEEE, 2018: 1-2.

[11] IANNACONE M D, BOHN S, NAKAMURA G, et al. Developing an

ontology for cyber security knowledge graphs[R]. CISR, 2015, 15: 12.

[12] NOEL S, HARLEY E, TAM K H, et al. Share. CyGraph: graph-based analytics and visualization for cybersecurity[C]//Handbook of Statistic. Amsterdam: Elsevier, 2016: 117-167.

[13] JIA Y, QI Y L, SHANG H J, et al. A practical approach to constructing a knowledge graph for cybersecurity[J]. Engineering, 2018, 4(1): 53-60.

[14] SUN Y Z, YU Y T, HAN J W. Ranking-based clustering of heterogeneous information networks with star network schema[C]//Proceedings of the 15th ACM SIGKDD International Conference on Knowledge Discovery and Data Mining. Paris France. ACM, 2009: 797-806.

[15] KONG X N, CAO B K, YU P S. Multi-label classification by mining label and instance correlations from heterogeneous information networks[C]//Proceedings of the 19th ACM SIGKDD International Conference on Knowledge Discovery and Data Mining. Chicago Illinois USA. ACM, 2013: 614-622.

[16] JI M, HAN J W, DANILEVSKY M. Ranking-based classification of heterogeneous information networks[C]//Proceedings of the 17th ACM SIGKDD International Conference on Knowledge Discovery and Data Mining. San Diego California USA. ACM, 2011: 1298-1306.

[17] TOUNSI W, RAIS H. A survey on technical threat intelligence in the age of sophisticated cyber attacks[J]. Computers & Security, 2018, 72: 212-233.

[18] KAISER F K, DARDIK U, ELITZUR A, et al. Attack hypotheses generation based on threat intelligence knowledge graph[J]. IEEE Transactions on Dependable and Secure Computing, 2023, 20(6): 4793-4809.

[19] MAO Q H, LIU Z M, LIU C H, et al. HINormer: representation learning on heterogeneous information networks with graph transformer[C]//Proceedings of the ACM Web Conference 2023. Austin TX USA.

ACM, 2023: 599-610.

[20] LI X Y, ZHOU L H, KONG B, et al. Influential community search over large heterogeneous information networks[C]//Spatial Data and Intelligence. Cham: Springer Nature Switzerland, 2023: 165-176.

[21] LIAO X J, YUAN K, WANG X F, et al. Acing the IOC game: toward automatic discovery and analysis of open-source cyber threat intelligence[C]//Proceedings of the 2016 ACM SIGSAC Conference on Computer and Communications Security. Vienna Austria. ACM, 2016: 755-766.

[22] HUSARI G, AL-SHAER E, AHMED M, et al. TTPDrill: automatic and accurate extraction of threat actions from unstructured text of CTI sources[C]//Proceedings of the 33rd Annual Computer Security Applications Conference. Orlando FL USA. ACM, 2017: 103-115.

[23] SAMTANI S, CHINN R, CHEN H, et al. Exploring emerging hacker assets and key hackers for proactive cyber threat intelligence[J]. Journal of Management Information Systems, 2017, 34(4): 1023-1053.

[24] SUN Y, HAN J, YAN X, et al. Pathsim: Meta path-based topk similarity search in heterogeneous information networks[C]//Proceedings of the VLDB Endowment. 2011, 4(11): 992-1003.

[25] SUN N, ZHANG J, RIMBA P, et al. Data-driven cybersecurity incident prediction: a survey[J]. IEEE Communications Surveys & Tutorials, 2019, 21(2): 1744-1772.

[26] SILLABER C, SAUERWEIN C, MUSSMANN A, et al. Data quality challenges and future research directions in threat intelligence sharing practice[C]//Proceedings of the 2016 ACM on Workshop on Information Sharing and Collaborative Security. Vienna Austria. ACM, 2016: 65-70.

[27] IOC Bucket-Community Support Threat Intelligence[EB/OL]. https://www.iocbucket.com/.

[28] Whois & Identity for Everyone[EB/OL]. https://www.whois.com/.

[29] MA J, SAUL L K, SAVAGE S, et al. Beyond blacklists: learning to detect malicious web sites from suspicious URLs[C]//Proceedings of the

15th ACM SIGKDD International Conference on Knowledge Discovery and Data Mining. Paris France. ACM, 2009: 1245-1254.

[30] YADAV S, REDDY A K K, NARASIMHA REDDY A L, et al. Detecting algorithmically generated domain-flux attacks with DNS traffic analysis[J]. IEEE/ACM Transactions on Networking, 2012, 20(5): 1663-1677.

[31] SHI Y, CHEN G, LI J T. Malicious domain Name detection based on extreme machine learning[J]. Neural Processing Letters, 2018, 48(3): 1347-1357.

[32] ZHAO H, YAO Q M, LI J D, et al. Meta-graph based recommendation fusion over heterogeneous information networks[C]//Proceedings of the 23rd ACM SIGKDD International Conference on Knowledge Discovery and Data Mining. Halifax NS Canada. ACM, 2017: 635-644.

[33] KIPF T N, WELLING M. Semi-supervised classification with graph convolutional networks[EB/OL]. https://arxiv.org/abs/1609.02907v4.

[34] SRIVASTAVA N, HINTON G, KRIZHEVSKV A, et al. Dropout: a simple way to prevent neural networks from overfitting[J]. The Journal of Machine Learning Research, 2014, 15(1): 1929-1958.

[35] PENG H, LI J X, HE Y, et al. Large-scale hierarchical text classification with recursively regularized deep graph-CNN[C]//Proceedings of the 2018 World Wide Web Conference on World Wide Web. ACM, 2018: 1063-1072.

[36] Wagner D B. Dynamic programming[J]. The Mathematica Journal, 1995, 5(4): 42-51.

[37] KIPF T N, WELLING M. Semi-supervised classification with graph convolutional networks[EB/OL]. https://arxiv.org/abs/1609.02907v4.

[38] Abadi M, Barham P, Chen J, et al. Tensorflow: a system for largescale machine learning[C]//12th USENIX Symposium on Operating Systems Design and Implementation (OSDI 16). 2016: 265-283.

[39] PEROZZI B, AL-RFOU R, SKIENA S. DeepWalk: online learning of social representations [C]//Proceedings of the 20th ACM SIGKDD

International Conference on Knowledge Discovery and Data Mining. New York New York USA. ACM, 2014: 701-710.

[40] DONG Y X, CHAWLA N V, SWAMI A. metapath2vec: scalable representation learning for heterogeneous networks[C]//Proceedings of the 23rd ACM SIGKDD International Conference on Knowledge Discovery and Data Mining. Halifax NS Canada. ACM, 2017: 135-144.

[41] Wang X, Ji H, Shi C, et al. Heterogeneous graph attention network[C]//Proceedings of the 26th International Conference on World Wide Web. International World Wide Web Conferences Steering Committee, 2019.

[42] GROVER A, LESKOVEC J. Node2vec: scalable feature learning for networks[C]//Proceedings of the 22nd ACM SIGKDD International Conference on Knowledge Discovery and Data Mining. San Francisco California USA. ACM, 2016: 855-864.

[43] DONG Y X, CHAWLA N V, SWAMI A. metapath2vec: scalable representation learning for heterogeneous networks[C]//Proceedings of the 23rd ACM SIGKDD International Conference on Knowledge Discovery and Data Mining. Halifax NS Canada. ACM, 2017: 135-144.

[44] GAO Y L, LI X Y, PENG H, et al. HinCTI: a cyber threat intelligence modeling and identification system based on heterogeneous information network[J]. IEEE Transactions on Knowledge and Data Engineering, 2022, 34(2): 708-722.

第7章
威胁情报可信感知系统的设计与实现

近年来,国内外安全厂商和国家政府都越来越重视威胁情报的发展,纷纷搭建了各自的威胁情报共享平台,包括 IBM X-Force Exchange、FireEye、Cymon、ThreatBook 等。尽管目前已存在各种各样的威胁情报共享平台,但大多平台是以威胁情报查询功能为核心,提供的是多种情报的查询功能和可视化展示功能,缺乏有效的威胁情报源可信性评估模型,以及衡量威胁情报内容本身可信度的基本机制。威胁情报可信感知功能的缺失极大地增加了平台用户筛选可信情报的时间成本。为满足用户对威胁情报的可信感知需求,基于本书第3~5章提出的信任感知方法和模型,本章设计并实现一个威胁情报可信感知系统,该系统收集多源情报,评估情报源的可信度、情报内容本身的可信度,并基于可信情报对基础设施节点的威胁类型进行智能识别,从而提高情报平台可信感知能力,满足用户的威胁情报可信感知需求,节约用户的时间成本。本章对威胁情报可信感知系统的背景、可行性和需求等方面进行了系统分析,根据情报可信需求进行了系统总体设计,对情报采集模块和情报内容可信评估模块等关键模块进行了设计与实现,通过功能和性能测试验证了本章所设计的系统能够满足用户的情报可信感知需求,最后对本章进行了小结。

7.1 系统分析

7.1.1 系统背景分析

随着威胁情报共享平台数据的快速增长,以及网络安全防御的升级,威胁情报共享平台等相关产品得到了进一步的发展。国内著名的网络威胁情报分析平台微步在线 ThreatBook 提供了 IP 地址、文件 Hash 等类型的威胁情报的发布、查询和综合分析功能。图 7-1 为 ThreatBook 平台的 IP 情报查询界面，其展示了 IP 的基础信息、历史检测记录、该 IP 与域名和文件 Hash 等的关联关系、查询热度等信息。ThreatBook 平台的 IP 情报查询结果包括 IP 地址的基础信息、历史检测记录、该 IP 地址与文件 Hash 等其他基础设施节点之间的关联关系等信息。然而，用户无法从该平台得知情报可信度相关的数据，仍需要进行多平台信息检索与验证来判定该情报是否真实可靠或具有价值。

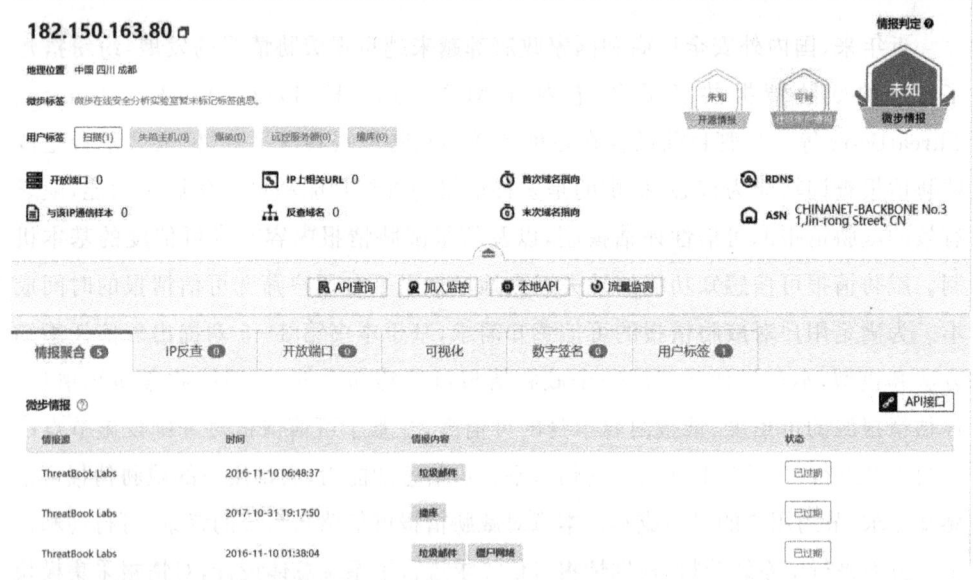

图 7-1 ThreatBook 平台的 IP 情报查询界面

以国外著名威胁情报平台 IBM X-Force Exchange 为例，图 7-2 显示了该平台上关于 IP 地址 182.150.163.80 的情报查询结果。查询结果包括 IP 地址的详细信息、Whois 记录、以时间轴形式展示的 IP 历史记录、该 IP 地址关联的 PDNS 和恶意软件等数据。另外，该情报平台提供了该 IP 地址的风险值，这在一定程度上能帮助用户识别威胁，但该平台并没有给出情报的可信度。

经过对国内外现有的多种威胁情报产品进行分析，威胁情报的多源集成和共享协作使得情报采集变得更为容易，但同时带来了以下两个方面的问题：

① 情报系统不提供情报可信度，并且情报系统上的情报数据一般由多个情报源的数据集成，多数系统甚至不对用户公开情报的来源；

② 平台用户在利用威胁情报进行安全分析时,通常需要借助多个情报系统去验证情报的可信性,凭借网络安全专业技能和经验判断情报的可信度耗时耗力。

上述问题的存在,不但要耗费用户大量的时间和精力对情报进行可信评估,还大大降低了可信情报的利用率。因此,为满足用户对威胁情报的可信感知需求,亟须搭建一个威胁情报可信感知系统,实现自动化的威胁情报可信评估,帮助用户利用可信的威胁情报高效准确地进行网络攻击防御。

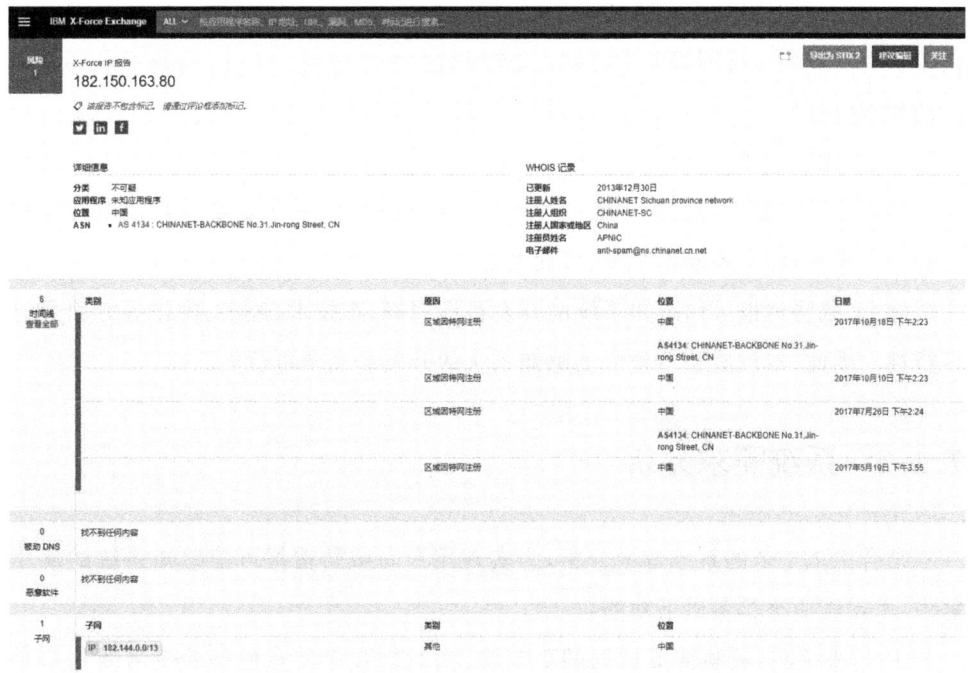

图 7-2　IBM X-Force Exchange 平台的 IP 情报查询界面

7.1.2　系统可行性分析

可行性分析是在系统背景分析的基础上,从技术、经济和操作等方面的可行性进行分析,确保系统开发的顺利完成。为了确定威胁情报可信感知系统的开发具有可行性,我们对以下三个方面进行分析。

(1) 技术可行性

技术可行性指的是分析现有的技术条件能否保证顺利完成系统开发工作,软硬件能否满足系统开发者的需求等。本系统的开发是在 PyCharm 集成开发环境下完成的，核心代码用 Python 编写，版本为 Python 3.6，可应用于 Windows、Linux 和 MacOS。前端采用 HTML、CSS 和 JavaScript，后端基于 Django 框架进行开发，数据库采用 MySQL。因此，威胁情报可信感知系统的开发具有技术上的可行性。

(2) 经济可行性

经济可行性主要是从系统的经济效益角度进行分析。本系统的开发周期不需要太长，在系统开发方面不需要承担较高的成本。此外，本系统的开发能帮助情报使用者更高效地进行网络安全防御，具有很高的经济效益。因此，系统开发具有很高的经济可行性。

(3) 操作可行性

界面设计时充分考虑用户的使用习惯，使得普通用户不需要专业知识和操作经验即可操作，即实现操作简单、界面友好。

综上，威胁情报可信感知系统的开发目标明确，在技术、经济、操作等方面具有可行性。因此，本章威胁情报可信感知系统的开发是完全可行的。

7.1.3 系统需求分析

结合 7.1.1 节的系统背景分析，为实现用户对威胁情报可信感知系统的使用需求，本系统应当具备以下功能：

① 情报采集：威胁情报数据的更新快、实时性强等特点使得系统需要从多个情报源持续采集最新的威胁情报数据。

② 情报源可信评估：系统根据情报源的多维度指标给出情报源的可信度，并实时更新情报源的多维度指标数据，以保证情报源可信评估的准确性。

③ 情报内容可信评估：平台用户通过在搜索框中输入待检测的情报基础设施节点，能够查询到与该节点相关的威胁情报及威胁情报可信评估结果。

④ 情报查询：平台用户通过在搜索框中输入待检测的情报基础设施节点，能够查询到该基础设施节点的威胁类型智能识别结果。

⑤ 情报反馈：用户可以对平台上的情报进行可信度反馈，也可以对自己提交的反馈数据进行查看、修改和删除。

⑥ 用户注册、登录功能：新用户通过输入注册信息实现用户注册。用户注册

完成后，输入用户名和密码进行用户登录。用户管理数据库中存储用户的注册、登录等信息。

7.2 系统总体设计

7.2.1 系统的总体设计原则

结合 7.1 节中的系统分析，系统在总体设计时应遵循以下原则：
① 稳定性、实用性，能够提供良好的人机界面，且界面简洁，操作简单；
② 系统的功能设计完善，能够满足用户对情报可信查询等功能的使用需要；
③ 系统流程合理，能够符合威胁情报查询等操作的基本流程；
④ 可扩展性，为应对威胁情报数据类型的日益复杂多样化，系统应当便于扩充新的情报数据类型，以及新的算法和模型。

7.2.2 系统功能设计

针对 7.1 节的系统分析和 7.2.1 节的系统总体设计原则，威胁情报可信感知系统的功能模块如图 7-3 所示，主要包括以下六个模块。

（1）情报采集模块

该模块主要通过爬虫技术从多个主流情报源站点进行情报采集，并采集相关数据来富化威胁情报，为威胁情报可信感知系统提供多方面的数据支持，包括 IP、域名、文件 Hash、URL 等情报数据。

（2）用户信息管理模块

该模块实现用户信息管理的功能，包括用户注册、登录等信息。

（3）情报源可信评估模块

该模块集成本书第 3 章所提出的方法，通过多维度情报源可信性评估算法，对系统用户、情报社区中的情报源进行信任评估。用户在系统中是情报共享者，即，用户同时是情报上传者（情报生产者）和情报使用者（情报消费者）。

(4) 情报内容可信评估模块

该模块集成本书第 4 章所提出的方法,通过基于图挖掘的情报内容可信评估算法对情报内容进行可信评估,计算得到情报内容的可信评估结果。

(5) 情报查询模块

该模块集成本书第 5 章所提出的方法,对基础设施节点进行威胁类型的智能识别,并将识别结果呈现给用户。另外,该模块是用户和系统进行交互的接口。该模块对用户输入的情报基础设施节点数据进行类型匹配,根据匹配的情报类型将其上传至情报内容可信评估模块进行检测,并将情报内容可信评估模块的评估结果以可视化的形式呈现给用户。

(6) 情报反馈管理模块

该模块是用户和系统进行交互的接口。用户可以对平台上的情报进行可信度反馈。该模块负责用户反馈数据的提交、收集、分析和应用。该模块得到的数据可服务于情报源的可信性评估和情报内容本身的可信性评估。

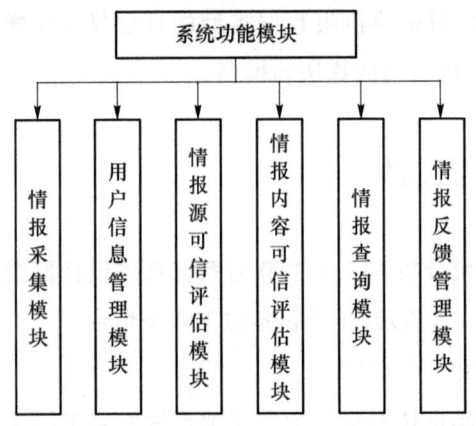

图 7-3　系统功能模块图

7.2.3　系统的架构设计

考虑到威胁情报可信感知系统的需求分析以及用户使用场景,本章设计并实现了一个以浏览器作为信息交互的 Web 系统,采用经典的 MVC(Model View Controller,模型—视图—控制器)分层设计模式。在 MVC 分层设计模式中,应用被上下垂直地拆分为相互作用的三个基本组成部分:模型(Model)、视图(View)和控制器(Controller)。这样做的目的在于分离输入、处理逻辑和输出格式。模型是核心组成部分,管理业务逻辑、数据、状态以及应用的规则;视图用于展示数据,是模型的可视化表现,包括计算机图形用户界面、计算机终端的文本输出等;控制器可看作模型和视图之间的中间人,模型与视图之间的所有通信均通过控制器进行。

图 7-4 描述了基于 MVC 分层设计模式的架构流程:①用户输入触发一个 View;②View 把用户请求发送到 Controller;③Controller 根据请求调用相应的 Model;④Model 执行所有必要的校验和状态改变进行业务处理;⑤Model 将处理结果返回给 Controller;⑥Controller 按照 Model 给出的指令,调用相应的 View;⑦View 向用户展示输出结果。

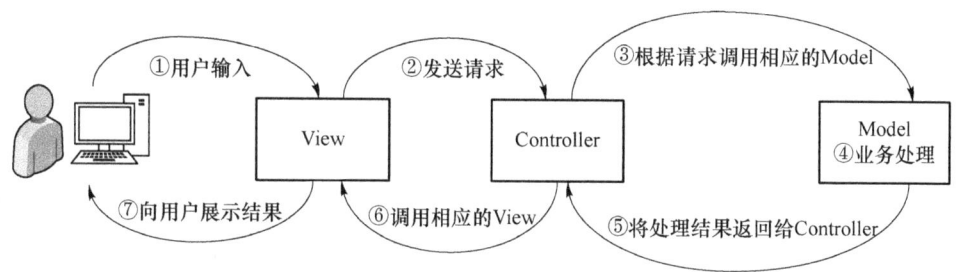

图 7-4 基于 MVC 分层设计模式的架构流程图

在 MVC 分层设计模式中,各层保持相互独立,相邻层之间基于请求和响应模式进行开发,高内聚低耦合的特性增强了应用系统的可扩展性和鲁棒性。遵循 MVC 分层设计架构思想,结合系统业务需求及特点,本章设计了威胁情报可信感知系统架构图,如图 7-5 所示,自底向上的各个层可以分为:数据层、应用层、视图层。

① 数据层是威胁情报可信感知系统的底层数据基础,本层使用关系型数据库 MySQL 来存储数据,包括威胁情报数据和用户管理数据等。

② 应用层是威胁情报可信感知系统的业务逻辑处理和计算的中心,它与数据库联动处理增、删、改、查。应用层包括部署在该平台上的一系列情报数据处理算法。应用层首先根据用户请求来调用相应的处理逻辑,然后调用相应的视图将处理结果展示给用户。

③ 视图层即人机交互界面,是用户与系统交互的接口。用户通过可视化界面对应用系统发起 HTTP 请求,并且系统对请求的响应结果通过视图层展示给用

户。在该图形化用户界面中,用户可以进行注册、登录、情报查询等操作。

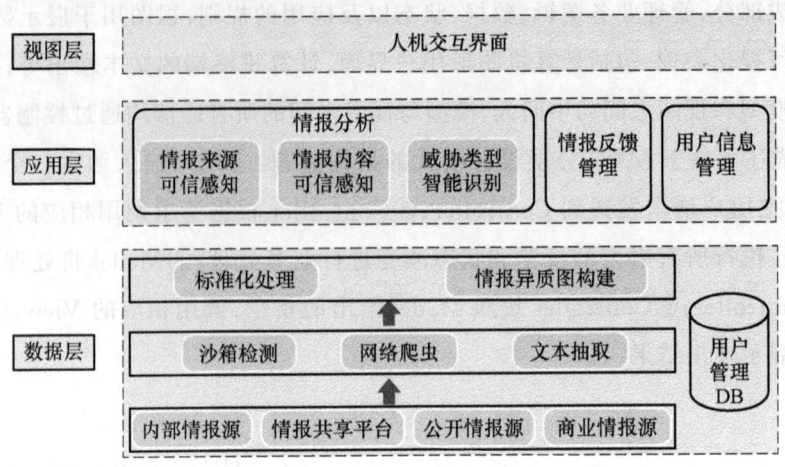

图 7-5　威胁情报可信感知系统架构图

7.3　主要功能模块的设计与实现

7.3.1　关键技术

威胁情报可信感知系统的开发使用 PyCharm 集成开发环境,Python 版本为 3.6。下面从前端、后台服务器和数据库三个方面对系统开发使用的关键技术进行简单介绍。

① 前端开发,即网页的设计与实现。威胁情报可信感知系统采用 HTML、CSS 和 JavaScript 组合技术。HTML 用于基础界面显示,CSS 用于界面风格样式的开发,JavaScript 用于向页面添加交互行为,实现用户操作响应。

② 后台服务器开发,即关键功能模块的开发。系统基于 Django 框架进行快速迭代开发,实现对用户请求和业务逻辑处理。其中,情报内容可信评估模块使用本书第 4 章所提出的模型,即基于图挖掘的信任评估算法进行实现。

③ 数据库服务器开发,系统采用 MySQL 数据库,主要用于存储威胁情报数据、情报富化数据、用户信息等。

7.3.2 情报采集模块

情报采集模块是威胁情报可信感知的基础，以情报可信查询等功能提供数据支持。在情报采集中，源站点的选择直接影响情报获取的效率和情报的质量。因此，本系统维护了一张威胁情报持续采集的源站点列表，包括 IBM X-Force Exchange、VirusTotal、ThreatBook 等权威的主流情报源。表 7-1 列出了本系统主要采用的情报源站点。

表 7-1 主要情报源站点

序号	情报源站点	URL/API
1	IBM X-Force Exchange	https://api.xforce.ibmcloud.com/doc/#authentication_posst_auth_api_key
2	VirusTotal	https://developers.virustotal.com/reference#public-vs-private-api
3	ThreatBook	https://x.threatbook.cn/nodev4/vb4/API

图 7-6 描述了威胁情报采集的基本流程，系统定期从多个情报源站点获得基础情报数据，并收集相关数据对情报进行富化，最终以结构化的形式存储在情报数据库中。对于直接提供 API 的威胁情报源站点，如 IBM X-Force Exchange 和 VirusTotal，可直接从 HTTP 请求返回 JSON 格式的数据，提取关键字段存储到情报数据库。对于网页情报数据，本系统采用 Python 的 BeautifulSoup 库爬取网页上的威胁情报描述并解析得到结构化数据。需要指出的是，由于网络安全白皮书、网络攻击事件分析报告等类型的非结构化情报数据涉及实体抽取、关系抽取等技术，是自然语言处理等研究方向需要解决的问题，本书暂且不予考虑。本系统采集的基础威胁情报数据包括恶意 IP 地址、恶意域名、恶意文件 Hash 数据以及关联的 Whois 信息。我们利用 Whois 数据集来获得域名注册信息，包括注册时间、过期时间、更新时间、域名注册者的手机号和邮箱地址等；使用 CVE 数据集富化 Hash 情报；使用 PDNS 数据集富化域名情报。

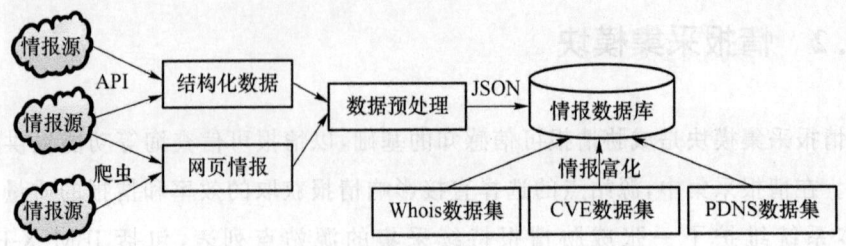

图 7-6 威胁情报采集基本流程图

7.3.3 情报内容可信评估模块

在本系统中,情报内容可信感知模块既是重要功能模块,又是特色功能模块。它的输入是从用户交互界面接口得到的情报基础设施节点。如图 7-7 所示,情报内容可信评估的处理流程为:首先通过威胁情报库构建威胁情报异质图,进行基于图挖掘的情报推理;其次对情报进行多维度的特征提取,包括基于情报源的特征、基于内容的特征、基于时间的特征和基于反馈的特征;再次将威胁情报样本划分为训练集和测试集,并使用随机森林算法在训练集上训练,得到基于图挖掘的情报内容可信判别模型;最后使用可信判别模型在测试集上进行测试,从而验证模型的预测效果。对于待检测的威胁情报数据,系统首先提取其多维度特征得到特征向量,然后使用可信判别模型对待检测威胁情报的特征向量进行可信判定。

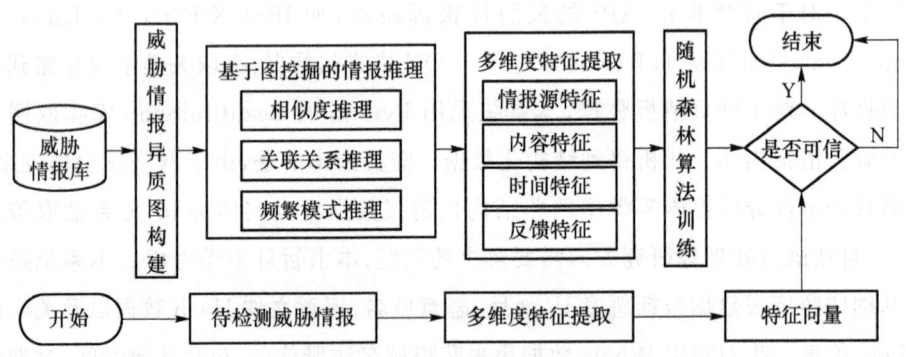

图 7-7 情报内容可信评估的处理流程图

7.4 系统测试与结果分析

7.4.1 测试环境

本章开发的威胁情报可信感知系统是基于 MVC 分层设计模式的 Web 系统,用户通过各种网络浏览器来请求访问。因此,本节通过不同操作系统的不同浏览器对后台服务器提供的功能服务是否正常进行测试,包括 Windows 操作系统的 IE 浏览器和 Chrome 浏览器,Mac 操作系统的 Safarix 浏览器、FireFox 浏览器和 Chrome 浏览器等。

7.4.2 系统功能测试

威胁情报可信感知系统主界面是系统使用者与应用系统之间进行交互的接口。如图 7-8 所示,在威胁情报系统主界面中,用户可以根据输入框中的提示语 "请在此输入 IP、域名、文件 Hash(如 MD5/SHA1/SHA256)或点击云上传文件",通过输入 IP 地址、域名或者文件 Hash 查询与其相关的威胁情报,或者通过选择界面右侧的"云"图标上传文件,得到该文件相关的情报。系统主界面简洁且友好,使得用户可以对系统的核心功能产生直观感受,且在一定程度上规范了用户的输入数据类型。另外,用户可以通过选择位于系统主界面右上方的"登录"和"注册"按钮实现用户登录和注册功能。威胁情报可信感知系统用户登录页面如图 7-9 所示。

下面以 IP 地址"50.63.202.79"为例,测试系统的情报查询和情报可信性评估功能。在系统主界面搜索框中输入 IP 地址"50.63.202.79",我们得到 IP 地址 "50.63.202.79"相关的情报,查询结果如图 7-10 和图 7-11 所示。图 7-10 展示了该 IP 地址相关的威胁情报及情报内容可信评估结果,每行为一条威胁情报数据,分别包括各自的情报来源、威胁类型、情报的发布时间、情报描述以及情报内容可信评估结果。图 7-11 中的中心节点为指定搜索的威胁情报基础设施节点,该图展示了以该 IP 地址为中心的威胁情报基础设施节点异质图,并给出了基础设施节点的威胁类型智能识别结果,即 IP 地址"50.63.202.79"的威胁类型是"匿名服务"。

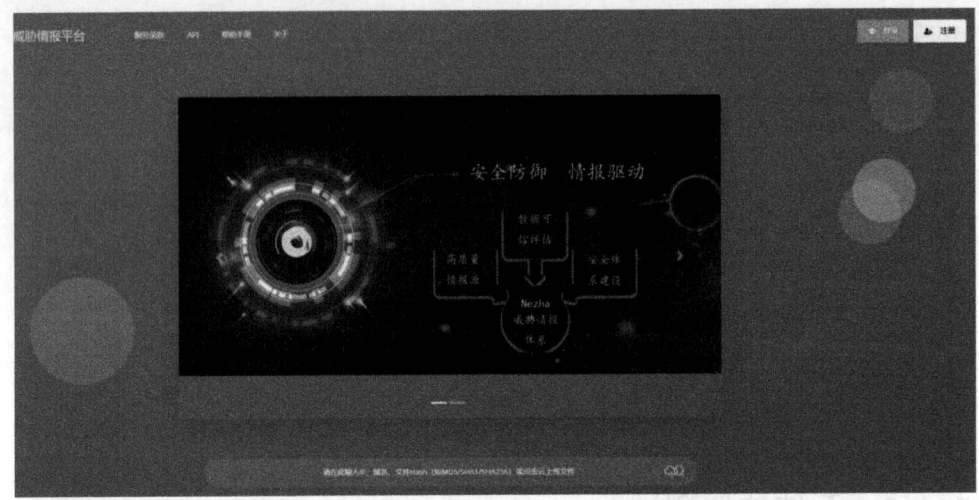

图 7-8　威胁情报可信感知系统主界面

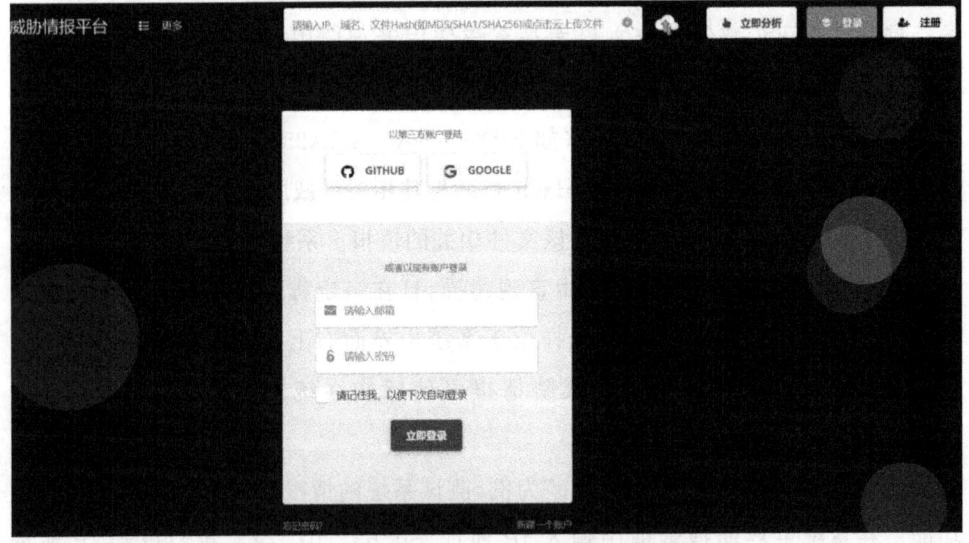

图 7-9　威胁情报可信感知系统用户登录界面

| 第 7 章 | 威胁情报可信感知系统的设计与实现

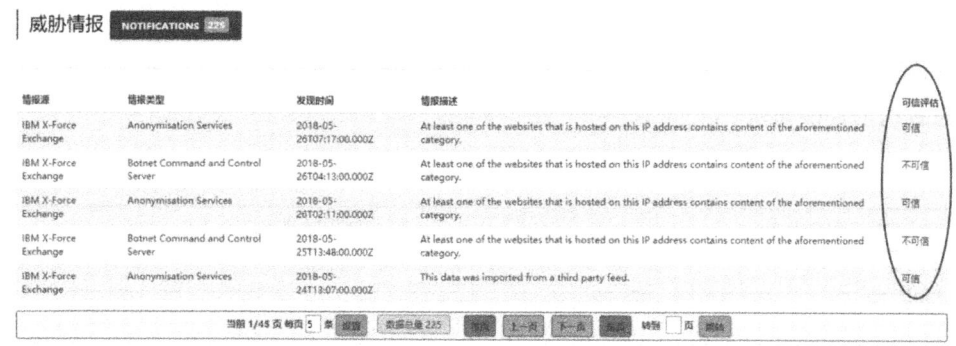

图 7-10 威胁情报内容可信评估结果图

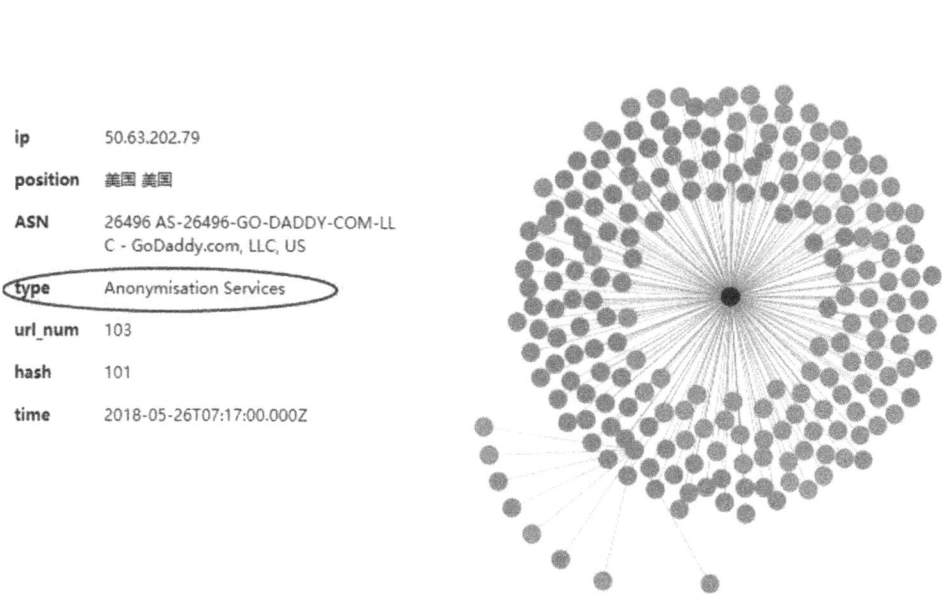

图 7-11 威胁情报基础设施节点的威胁类型智能识别结果

7.4.3 系统性能测试

系统性能测试包括系统的可用性测试和响应时间测试。本小节测试系统在多用户同时发起情报查询请求时的响应能力。从表 7-2 中的系统性能测试结果可以看出，在同时发起情报可信查询请求的用户数量为 500 的情况下，系统平均响应时间为 320 ms。因此，该性能测试结果表明本系统能够满足多用户对威胁情报可信性查询的性能需求。

表 7-2 系统性能测试结果

用户数量	平均响应时间/ms
1	65
100	170
500	320

7.5 本章小结

本章基于本书第 3~5 章所提出的方法和模型，设计并实现了威胁情报可信感知系统，是对本书所提方法和模型的落地，也是对威胁情报可信感知的落地。本章首先进行了系统分析，其次介绍了系统的总体设计，再次介绍了情报采集、情报内容可信评估两个重要模块的设计与实现，最后对系统功能和性能进行测试。测试结果显示，该系统能够满足多用户对情报可信感知的功能和性能需求，解决了现有情报共享平台的情报可信感知机制缺失问题。

第 8 章
总结与展望

8.1 总　　结

近年来,随着网络攻击的不断升级,网络攻防不对等性越来越大,世界上越来越多的组织和个人开始通过威胁情报缩小这个差距,网络威胁情报在全球得到迅猛发展。共享威胁情报已成为学术界和产业界的共识,但是大数据环境下,不乏失效的、虚假的、错误的情报,亟须对威胁情报的可信感知问题展开研究。本书围绕面向大数据的威胁情报可信感知问题,分别从如何设计准确的情报源可信性评估方法,如何度量和分析威胁情报内容本身的可信性,如何设计有效的基于异质图卷积网络的威胁类型智能识别方法三个角度展开研究,提出了一系列的新方法和新模型,并基于大量的真实数据集进行了验证。本书的主要贡献包括以下四个方面:

① 针对情报源可信性评估中信任因子考虑不足的问题,提出了一种多维度威胁情报源可信性评估方法。该方法从身份信任因子、行为信任因子、关系信任因子和反馈信任因子四个角度对情报源的可信度进行了全方位的评估,并利用有序加权平均和加权移动平均组合算法为四个信任因子动态分配权重。该机制超越了现有方法信任因子考虑不足的问题以及信任因子权重分配的主观性问题。实验结果表明,该机制在情报源可信性评估方面具有较高的准确性和自适应性。

② 针对威胁情报内容本身可信评估机制缺失问题，提出了一种基于图挖掘的威胁情报内容本身可信评估模型。该机制通过整合信任感知的威胁情报架构模型，基于图挖掘的情报特征提取方法，以及自动的可解释的信任评估算法，为威胁情报共享平台情报内容可信度评估提供解决方案。

③ 针对威胁情报中基础设施节点威胁类型标记效率低和准确率低的问题，提出了一种实用的网络威胁情报建模方法和一种基于异质图卷积网络的基础设施节点威胁类型智能识别算法。借助人工智能技术进行威胁情报数据的自动学习和自动分析，为后续的人工判定和情报产品的形成提供了决策辅助。

④ 基于上述理论方法和模型，设计并实现了一个威胁情报可信感知系统。该系统首先从多个主流情报源站点采集情报数据，然后构建威胁情报图并提取多维度的可信特征，使用基于图挖掘的情报内容可信评估算法为用户提供情报可信感知功能，解决了现有情报共享平台的情报可信感知缺失问题。用户交互功能测试和性能测试结果显示，该系统能够满足用户对威胁情报的可信感知需求。

8.2 展　　望

各大主流安全公司以及国内以微步在线为代表的威胁情报服务提供商已经对威胁情报展开布局，并推出了各自的威胁情报服务解决方案。然而，从应用的角度来看，威胁情报可信感知研究处于前期的探索阶段，仍存在大量的内容值得深入研究。下面结合本书的研究内容，列举一些有待进一步研究的问题：

① 在威胁情报源的可信评估方面，本书侧重威胁情报共享社区中情报源的可信评估问题。然而，威胁情报源种类众多，未来还需考虑其他类型的威胁情报源的可信性评估问题。

② 在情报内容本身的可信评估方面，本书只考虑了结构化的威胁情报，没有考虑自然语言形式的威胁情报。然而，自然语言形式的威胁情报是威胁情报的重要形式之一，未来还需要考虑自然语言形式的威胁情报的可信评估问题。基于自然语言处理的威胁情报分析与处理是重要的研究方向之一，我们计划将威胁情报实体抽取和关系抽取作为下一步研究内容。

③ 在威胁情报应用方面,本书基于异质信息网络理论,构建了威胁情报异质信息网络。考虑到数据获得的难易程度,本书考虑了四种节点类型(即域名、IP 地址、文件 Hash、邮箱地址)和五种关系类型。然而,为挖掘出情报数据之间的深层次关系,其他类型的节点和关系也值得研究。因此,构造包含更多类型的节点及关系的异质信息网络,从而挖掘出更有价值的数据是下一步的研究重点。